L'OLIVIER

PAR

MM. L. DEGRULLY et Pierre VIALA

PROFESSEURS A L'ÉCOLE NATIONALE D'AGRICULTURE DE MONTPELLIER

AVEC UNE ÉTUDE BOTANIQUE

SUR

LES OLÉACÉES ET L'OLIVIER

Par M. Ch. FLAHAULT

PROFESSEUR A LA FACULTÉ DES SCIENCES DE MONTPELLIER

1er FASCICULE

Avec 5 Planches en Chromo-Lithographie

MONTPELLIER

CAMILLE COULET, Libraire-Éditeur

LIBRAIRE DE LA BIBLIOTHÈQUE UNIVERSITAIRE, DE L'ÉCOLE NATIONALE
D'AGRICULTURE ET DE L'ACADÉMIE DES SCIENCES ET LETTRES,
GRAND'RUE, 5.

PARIS

A. DELAHAYE & L. LECROSNIER, Libraires-Éditeurs

25, Place de l'École-de-Médecine

1887

L'OLIVIER

Extrait

des *Annales de l'École Nationale d'Agriculture de Montpellier*

Tom. II.

MONTPELLIER. — TYPOGRAPHIE ET LITHOGRAPHIE DE BOEHM ET FILS.

L'OLIVIER

PAR

MM. L. DEGRULLY et Pierre VIALA

PROFESSEURS A L'ÉCOLE NATIONALE D'AGRICULTURE DE MONTPELLIER

AVEC UNE ÉTUDE BOTANIQUE

SUR

LES OLÉACÉES ET L'OLIVIER

Par M. Ch. FLAHAULT

PROFESSEUR A LA FACULTÉ DES SCIENCES DE MONTPELLIER

1er FASCICULE

Avec 5 Planches en Chromo-Lithographie

MONTPELLIER

CAMILLE COULET, Libraire-Éditeur

LIBRAIRE DE LA BIBLIOTHÈQUE UNIVERSITAIRE, DE L'ÉCOLE NATIONALE
D'AGRICULTURE ET DE L'ACADÉMIE DES SCIENCES ET LETTRES,
GRAND'RUE, 5.

PARIS

A. DELAHAYE & E. LECROSNIER, Libraires-Éditeurs

25, Place de l'École-de-Médecine.

1887

L'OLIVIER

INTRODUCTION

La pensée d'étudier l'Olivier nous a été inspirée par la situation faite à l'agriculture de la France méridionale en suite de l'invasion désastreuse du Phylloxera.

Si nous nous reportons seulement de quinze ans en arrière, alors que le phylloxera était encore un mal nouveau et sur l'intensité duquel il était permis de s'abuser, nous voyons l'olivier disparaître peu à peu, cédant la place, dans le Languedoc surtout, à une culture plus avantageuse, celle de la Vigne, sur laquelle s'édifie rapidement la fortune du pays.

La vigne envahit tout, et c'est logique : les meilleures terres d'abord, où l'Aramon donne en quelques années ces récoltes extraordinaires de 200 à 300 hectolitres à l'hectare, et où l'arbre tant chanté par les auteurs anciens [1] ne saurait soutenir la comparaison ; mais on plante aussi les terres médiocres, même les garrigues, partout où il semble que la vigne trouvera assez de terre pour y loger ses racines, assez d'humidité pour mener sa récolte à bien. Et le domaine de l'olivier se réduit aux plus mauvaises garrigues, sauf de rares exceptions dans les localités où l'industrie des olives a pris dès longtemps une importance toute spéciale.

Si le phylloxera n'était venu arrêter — pour combien de temps ? bien audacieux serait celui qui oserait le dire — l'essor de la viticulture, la culture de l'olivier serait bien près, dans le Languedoc, de n'être plus qu'un souvenir, et il n'y aurait sans doute pas lieu de s'en affliger.

[1] Columelle, *Olea .. prima omnium arborum est.*

La Provence a été plus clémente à l'olivier, qui constituait depuis des siècles une part importante de sa richesse agricole, et elle a conservé, sinon la totalité, au moins la majeure et la plus belle partie de ses vieilles plantations. Si la vigne y a gagné du terrain à cette époque, c'est surtout au détriment du domaine labourable, dans les situations qui paraissaient les plus favorables à la production des vins d'une certaine qualité. Soumise d'ailleurs à des procédés d'exploitation moins perfectionnés, avec des cépages moins productifs, sous un climat peut-être moins favorable, la culture de la vigne ne s'y présentait pas sous des auspices aussi favorables que dans le Languedoc; et la « fièvre de la vigne », qui était un peu la fièvre de l'or, s'y est fait beaucoup moins vivement sentir. Il est juste d'ajouter que la Provence, dotée de variétés d'oliviers non seulement très productives, mais donnant des huiles de première qualité, a su tirer un excellent parti de cette culture. La renommée si justement acquise des huiles d'Aix, de Grasse, de Nice, assure la vente des produits du pays à des prix rémunérateurs.

L'invasion du phylloxera a brusquement modifié les conditions économiques de la culture; la destruction des vignobles n'a laissé que trop de terrains disponibles, et, si l'on n'a pas encore planté d'oliviers, du moins on n'arrache plus ceux qui ont subsisté.

L'olivier est-il appelé à reconquérir une partie du domaine qu'il avait perdu? La chose est possible, et nous la croyons, dans certains cas, avantageuse.

La reconstitution des vignobles sera, en effet, il ne faut pas se le dissimuler, une œuvre de longue haleine, et dans certaines situations bien difficile. Si elle se présente sous les plus favorables auspices dans toutes les terres de bonne et de moyenne qualité, on ne saurait nier qu'elle offre bien des incertitudes et qu'elle rencontrera bien des obstacles dans les terres médiocres et mauvaises, que l'olivier se partageait jadis avec d'autres cultures arbustives.

Est-il d'une bonne économie de laisser ces terrains livrés à l'inculture, en attendant que l'on ait trouvé un *plant* susceptible de les peupler avantageusement ? Ne serait-il pas plus sage d'en tirer parti sans plus tarder, par des plantations d'oliviers ?

On s'y résoudra difficilement dans le Languedoc, nous l'avouons, pour deux raisons, dont l'une au moins ne laisse pas que d'avoir une certaine valeur.

Il faut attendre longtemps les premiers produits de l'olivier — et alors que c'est à peine si la vigne produit assez vite pour satisfaire aux impatiences des propriétaires, on hésite à planter des oliviers, qu'il faudra cultiver dix ans peut-être avant d'en tirer une récolte de quelque valeur.

Puis les agriculteurs, un peu gâtés par la vigne, tiennent en parfait dédain les produits relativement maigres que donne l'olivier.

Assurément, rien n'est comparable au produit de la vigne, et partout où elle prospère on aurait tort de vouloir la supprimer. Mais n'est-ce pas le cas de faire, comme on dit, « contre mauvaise fortune bon cœur » ?

D'ailleurs l'olivier n'est pas nécessairement une culture ingrate, et, si l'on fait abstraction de la vigne, il n'est guère d'autre production, dans le Midi au moins, qui soit plus avantageuse. Dans des terres qui donneraient très difficilement 20 hectolitres de blé à l'hectare, représentant, à 20 fr. l'hectolitre, 400 fr. de produit brut, et un produit net bien minime, l'olivier bien conduit fournit des récoltes de 500, 600 et même de 1,000 fr. à l'hectare, laissant un bénéfice net relativement élevé. Ce qui le prouve d'ailleurs surabondamment, c'est que le prix des terres complantées d'oliviers atteint fréquemment 5 et 6,000 fr. l'hectare dans certaines communes de l'Hérault, et dépasse 10,000 fr. dans les *contrées* renommées de la Provence.

Rappelons enfin que la culture de l'olivier s'associe très heureusement à celle de la vigne, en permettant d'occuper la population ouvrière pendant l'hiver, alors que les vignobles laissent disponible une grande partie de la main-d'œuvre qu'ils utilisent pendant le reste de l'année.

En dehors de la région où le climat la cantonne en France, la culture de l'olivier nous semble aussi appelée à prendre de l'extension en Algérie et en Tunisie. Dans ces pays nouveaux où les vastes espaces ne manquent pas, et qu'on ne saurait sérieusement songer à consacrer exclusivement à la vigne, l'olivier rencontrerait souvent des conditions économiques plus favorables que chez nous. Les plantations importantes qui y existent déjà y donnent généralement des résultats favorables et y font bien augurer de l'avenir de cette production.

Telles sont, en quelques mots, les considérations qui nous ont amené à entreprendre le présent travail. Nous n'ignorons pas qu'il a été écrit déjà de nombreux livres sur l'olivier. Mais, dans la plupart d'entre eux, on s'est borné à l'étude culturale de cet arbre, souvent précédée de notices historiques plus ou moins complètes et assurément fort intéressantes ; mais le côté scientifique y a été en général fort négligé. C'est cette lacune que nous voulons surtout essayer de combler, dans la mesure de nos moyens.

Nous y aurons été puissamment aidés par le concours qu'a bien voulu nous prêter M. Ch. Flahault, professeur à la Faculté des Sciences de Montpellier, en rédigeant l'étude botanique de l'Olivier, qui forme la première partie de ce Mémoire ; qu'il veuille bien accepter ici l'expression de notre reconnaissance. Nous devons aussi des remerciements à notre collègue, M. Bouffard, qui nous a fourni les analyses des variétés d'olives que nous avons étudiées.

Cette étude comprendra:

PREMIÈRE PARTIE

I. — LES OLÉACÉES ET L'OLIVIER.

La Botanique systématique a fait depuis quelques années de grands progrès. La morphologie extérieure de la fleur, qui suffisait presque toujours aux recherches lorsqu'il s'agissait à peu près uniquement de dresser le catalogue des plantes phanérogames et de déterminer l'ère d'extension des familles et des genres, ne satisfait plus l'ambition des botanistes. A la condition que l'on ne voulût pas faire de distinctions trop spécieuses, et tant qu'on demeurait dans la conception linnéenne de l'espèce, on rencontrait rarement une difficulté sérieuse.

Cependant quelques points particulièrement délicats appelaient de nouvelles méthodes et de nouveaux procédés d'investigation. Moquin-Tandon interrogea les faits tératologiques ; Payer consulta la fleur avant son épanouissement pour apprendre d'elle les modifications qu'elle a subies au cours de son développement.

L'organogénie ne nous éclaire pas toujours pourtant sur l'état originel d'une fleur. L'absence d'une ou de plusieurs étamines dans un cycle normal d'androcée, la disparition d'un ou de plusieurs carpelles, la position primitive des ovules dans les loges de l'ovaire, la valeur morphologique des différentes parties de la fleur, ne peuvent être déterminées sûrement par l'étude de l'organogénie.

De son insuffisance est née l'anatomie comparée de la fleur. Ses premières applications ont provoqué dans la science une véritable révolution ; les maîtres de la science, élevés dans le culte des anciennes traditions, ne tardèrent pas à reconnaître tout le parti que la connaissance des plantes devait tirer de l'application des nouveaux procédés. Il n'est plus un botaniste aujourd'hui qui ne considère la manière simple du siècle dernier comme ayant donné à peu près tout ce qu'on en peut attendre.

La connaissance de la fleur s'est dégagée, par là, des méthodes empiriques qui en arrêtaient les progrès. Les recherches
qui se multiplient depuis un quart de siècle sont devenues l'*abc*
de la systématique des phanérogames. Après être demeurés longtemps épars dans une foule de publications, les résultats en
sont tombés dans le domaine classique, grâce à quelques ou-
vrages qui les ont réunis en corps de doctrine. Qu'il nous suffise
de rappeler que, grâce aux méthodes nouvelles, le lien est désor-
mais démontré entre les Cryptogames vasculaires [1] et les Phanérogames par l'intermédiaire des Gymnospermes.

Quoi qu'on semble en penser parfois, la fleur n'a pas le privi-
lège exclusif de révéler le secret des affinités ; depuis longtemps,
les botanistes les moins familiarisés avec les recherches anatomiques ont su tirer d'utiles indications de l'existence ou de l'absence
de vaisseaux laticifères, de canaux oléo-résineux, de la présence
ou de l'absence et de la forme des poils ; ils ont donné l'exemple
aux anatomistes. Les maîtres ont donc su de bonne heure faire
appel aux procédés que la science applique aujourd'hui d'une
façon régulière.

Est-ce à dire que tous les caractères morphologiques et anatomiques doivent être consultés lorsqu'il s'agit de fixer la place
d'une plante quelconque ? Il convient de le dire, quelques hom-
mes ont mal compris la pensée des adeptes de la nouvelle École.
Il n'est pas question de faire entrer dans la caractéristique de
chaque plante tous les caractères qu'elle peut fournir ; ce serait

---

[1] Il y a, dans la science actuelle, une tendance à supprimer les dénominations
anciennes pour les remplacer par des désignations plus significatives ; il nous
semble qu'il y a bien des inconvénients à agir ainsi, et nous admettons, avec
M. A. De Candolle, que « la désignation d'un groupe n'a pas pour but d'énoncer
les caractères ou l'histoire de ce groupe, mais de donner un moyen de s'entendre
lorsqu'on veut en parler » (*Nouvelles remarques sur la Nomenclature botanique*,
pag. 17. Genève, 1883). Il n'importe pas de remplacer le mot *Cryptogame*, bien
que tout le monde sache que ce nom n'a plus aucune signification, tandis qu'il y
a de grands inconvénients à appeler Bryophytes, Ptéridophytes, Archégoniatées,
Spermatophytes, Cormophytes, des groupes que tout le monde connaît sous d'autres noms.

méconnaître le fécond principe de la subordination des caractères : il est inutile, par exemple, de demander à l'anatomie
comparée de nous fournir de nouveaux liens entre les Solanées
et les Scrophularinées, la morphologie externe de la fleur suffit
à les établir ; mais la structure de la fleur épanouie n'est-elle
pas trop souvent muette quand il s'agit de déterminer les affinités ?

Qu'il suffise de rappeler ce que l'anatomie de la fleur nous
a appris sur les Loranthacées et les Santalacées, sur les ovules
en apparence terminaux des Composées et des Polygonées, sur
la placentation centrale des Primulacées ! La fleur même n'existe
pas toujours ; l'anatomie comparée n'a-t-elle pas permis à M. Re-
nault de reconstituer en partie la flore des terrains primaires ?

C'est donc un fait bien établi aujourd'hui qu'on ne peut considérer l'étude de la Botanique comme confinée entre le calyce et
les carpelles d'une fleur épanouie. Nous cherchons à connaître
les lois de la vie ; il faut, pour y réussir, commencer par connaître
l'ensemble de l'organisme ; nul n'en saurait douter.

S'il s'agit de l'application de ces principes à l'étude spéciale
des Phanérogames, tous les groupes ne présentent pourtant pas
le même intérêt ; il en est de si homogènes, de si conformes
entre eux, qu'une espèce quelconque nous révèle à peu près
l'histoire du groupe ; mais il est d'autres associations fort re-
marquables chez lesquelles, à côté de caractères absolument
constants. on observe une extrême variabilité pour d'autres caractères. Parmi les Dicotylédones gamopétales, les Oléacées,
considérées dans un sens général, c'est-à-dire en y comprenant
les Jasmins, Syringas et les Frênes, constituent un sujet d'étude
des plus intéressants. Réunis par la structure de leur graine,
nous voyons les divers représentants de ce groupe marqués de
différences profondes au point de vue de la structure de leur
fleur, apétale, dialypétale ou gamopétale, de leur androcée, de
leur ovaire et de leur fruit. Largement représentées dans la
région méditerranéenne, à laquelle elles fournissent le premier
élément de sa richesse, les Oléacées se prêtent singulièrement

à l'application de quelques-uns des procédés modernes de la
Botanique systématique.

Les premiers efforts qui aient été tentés pour fixer la place
naturelle des Oliviers et des plantes voisines marquent déjà deux
tendances opposées. Les uns, comme Tournefort, Lindley,
Brongniart, tiennent les Oliviers pour bien distincts des Jasmins
et ne trouvent pas entre ces plantes assez de caractères communs
pour les rapprocher [1]. Les autres, à l'exemple de Linné, les
rapprochent au contraire, pour en faire, suivant l'époque et les
vues spéciales de chacun, ou des membres d'un même groupe, ou
des familles très voisines ; tels sont Endlicher, A.-L. de Jussieu,
Ventenat, R. Brown, Decaisne.

Les deux opinions se confondent aujourd'hui ; les études morphologiques et l'anatomie comparée ont mis hors de doute que
les Oléacées et les Jasminées sont en réalité très voisines ; l'iso-
lement de chacun d'eux ou leur réunion dépend uniquement de
la manière dont les différents auteurs conçoivent la famille. C'est
ainsi que M. Eichler a été amené à faire des Jasminées et des
Oléacées deux familles distinctes, mais formant à elles seules,
parmi les Dicotylédones sympétales haplostémones, la classe
des Ligustrinées (*Flora brasiliensis*, fasc. 45-46, pag. 301-328,
1868 ; *Blüthendiagramme*, I, pag. 234-245, 1875). Nous devons
à ce savant d'avoir établi la nature des rapports de la corolle avec
l'androcée, dont l'application avait échappé à la sagacité de Brongniart.

Quelques savants ont eu, de l'ensemble qui nous occupe, une

---

[1] Suivant Tournefort (*Institutiones*, pag. 599, 1719), le caractère du fruit sé-
pare l'Olivier du Syringa d'une façon qui nous paraît d'autant plus profonde
qu'il leur interpose l'Orme. Lindley (*Vegetable Kingdom*, 2e édit., pag. 615, 1847)
fait des Oléacées la première famille de sa 46e alliance (Solanales) ; les Jasminées
sont renvoyées aux Echiales (48e alliance) avec les Salvadoracées, sur lesquelles
nous aurons nous-même à revenir. Brongniart trouve les affinités des Oléacées
extrêmement douteuses et s'étend surtout sur les rapports très insolites de la
corolle et des deux étamines. Aussi en vient-il à placer les Jasminées à côté des
Globulariées d'après la structure du fruit, tandis que les Oléinées rentrent dans
sa classe des Diospyroïdées.

conception que la science moderne a peine à s'expliquer. C'est ainsi qu'Adanson (*Familles des plantes*, pag. 220, 1763) divise les Jasminées en trois sections : la première contient les genres *Eranthemum* (Acanthacée) *Comocladia* (Térébinthacée) ; les deux autres sections présentent une étonnante réunion de Verbenacées, Solanées, Loganiacées, Rubiacées, Pénéacées, Plantaginées ; il serait difficile d'imaginer une association plus hétérogène. Par contre, le Frêne en est éloigné, pour prendre place à côte des Cistes.

Laissant de côté cette manière de voir, absolument abandonnée aujourd'hui, nous nous trouvons donc en présence de deux opinions relativement aux Oléacées et aux Jasminées. M. Eichler s'est fait, dans la période contemporaine, le défenseur de la distinction des deux familles. M. Van Tieghem adopte cette opinion, en attribuant aux deux groupes la valeur d'une tribu ; il leur adjoint même les Salvadoracées (*Traité de Botanique*, pag. 1547). MM. Bentham et Hooker vont plus loin encore, car les Jasminées, les Fraxinées, les Chionanthées et les Syringées deviennent pour eux autant de tribus ayant la même valeur vis-à-vis de l'ensemble (*Genera Plantarum*, II, pag. 672, 1876). Ces différences d'appréciation, plus apparentes que réelles, résultent, nous l'avons déjà dit, de l'importance relative que chacun croit devoir accorder à la Famille. L'équilibre qu'il convient d'établir à cet égard entre les divers groupes végétaux nous détermine à la concevoir dans un sens plus synthétique que ne l'ont fait Tournefort, Jussieu, Lindley et Brongniart, et nous chercherons à nous pénétrer des caractères généraux des Oléacées, en y comprenant les Jasminées.

Après avoir étudié l'ensemble de leurs caractères, il nous sera facile de reconnaître dans quelle mesure il convient de les associer ou de les distinguer en groupes secondaires.

Les *caractères essentiels* des plantes dont nous nous occupons sont fournis par l'androcée et par le gynécée. L'androcée est à peu près invariablement composé de deux étamines alternes avec les carpelles, rarement de quatre étamines insérées sur le tube

de la corolle, ou unissant les pétales deux par deux, ou hypo-
gynes lorsque la corolle manque. Le gynécée est, sans exception,
formé de deux carpelles soudés, à placentation axile, en croix
avec les deux étamines. Le calyce et la corolle sont au contraire
très variables, tous deux manquent parfois, ou bien l'un ou
l'autre de ces deux cycles avorte plus ou moins complètement, ou
bien la corolle est dialypétale (*Hesperelæa*), ou presque dialypétale (*Fontanesia*), ou nettement gamopétale (*Syringa*). C'est l'ensemble de ces caractères que Linné avait saisi avec sa sagacité
habituelle lorsqu'il comprenait dans sa Diandrie Monogynie tous
les genres alors connus que nous groupons maintenant sous la
dénomination d'Oléacées.

Cependant de réelles difficultés apparurent bientôt. On re-
marqua que les Jasmins ont une corolle à préfloraison imbriquée,
tandis que les Oliviers ont une préfloraison valvaire ; que les
premières ont des anthères basifixes, que celles des secondes sont
dorsifixes ; que l'ovule est ascendant chez les Jasmins, pendant
chez les Oliviers ; que l'albumen est très réduit ou nul lors de la
maturité chez les premières, alors que la graine des secondes est
pourvue d'un albumen charnu. On insista sur ce fait que les étamines des Jasmins sont antéro-postérieures par rapport à l'axe de
l'inflorescence, tandis qu'elles sont situées à droite et à gauche
chez les Oliviers. Les anthères elles-mêmes, très courtes dans les
Oléinées, s'ouvrant latéralement, ont paru bien différentes des
anthères des Jasminées, oblongues, linéaires, souvent apiculées
et à déhiscence interne. Le stigmate enfin, obéissant aux lois de
la symétrie florale, est en croix avec les étamines, c'est-à-dire que
ses lobes sont antéro-postérieurs chez les Oliviers, latéraux chez
les Jasmins.

Ces différences ont paru assez importantes pour légitimer la
séparation des deux types et l'établissement de deux familles.

On n'a pas manqué non plus d'invoquer à l'appui de cette distinction un caractère d'ordre tout différent, et de faire valoir, au
profit de la séparation en deux familles, des phénomènes ana-
tomico-physiologiques. C'est ainsi qu'on a cru pouvoir dire que

la nécessité de distinguer les Oléacées des Jasminées ressort de ce fait, bien connu dans la pratique horticole, que les *Syringa*, *Fraxinus*, *Chionanthus*, *Fontanesia*, *Phillyrea* et *Olea* se greffent sans grande difficulté les uns sur les autres, tandis que les vraies Jasminées ne se greffent jamais sur les Oléacées proprement dites. On a insisté tout particulièrement encore sur cet autre fait que la cantharide dévore les Frênes, puis les Lilas, les Troënes et au besoin les Oliviers, sans jamais s'attaquer aux Jasmins ; que la chenille du *Tinea syringella* se nourrit du parenchyme des feuilles des Lilas, Frênes, *Fontanesia*, *Forsythia* et *Ligustrum*, en respectant toujours celles des Jasminées.

C'était aller chercher bien loin la réponse à une difficulté réelle, c'était surtout demander cette réponse à des procédés peu scientifiques ; sans doute, la sélection opérée par la mandibule des insectes peut être fort rigoureuse, mais nous avons aujourd'hui des moyens directs d'arriver à la solution du problème.

M. Van Tieghem, le premier, chercha à se rendre compte de la structure intime de la fleur dans plusieurs espèces de ce groupe ; car, disons-le de suite, la tératologie n'a pas jeté la moindre lumière sur la structure comparée des Jasminées et des Oléacées.

Ce savant a particulièrement étudié l'anatomie de la fleur du *Forsythia viridissima* (*Recherches sur la structure du pistil* ; Mémoires des Savants étrangers, 1871, pag. 197-198 et Pl. XIV-XV). Il a reconnu l'indépendance originelle de toutes les parties de la fleur, chaque cycle correspondant à une série de faisceaux indépendants ; la concrescence plus ou moins grande des diverses parties entre elles est donc purement parenchymateuse. Les étamines sont presque toujours au nombre de deux, alors qu'il existe quatre sépales et quatre pétales. Dans le *Jasminum officinale*, où rien ne révèle au dehors une particularité quelconque, le même savant a découvert l'existence de quatre faisceaux staminaux ; deux d'entre eux correspondent effectivement à des étamines ; les deux autres se perdent sans rien produire. Des circonstances pourraient se produire où ces étamines avortées se développeraient plus ou moins complètement à l'extérieur.

M. Eichler, de son côté, démontrait quelques années plus tard que le calyce des Oléacées (*sensu stricto*) est toujours formé de deux cycles décussés (*Blüthendiagramme*, I, pag. 236-241, 1875); l'extérieur a ses feuilles d'ordinaire plus larges que l'interne ; chez les Jasminées, le calyce serait formé d'un seul cycle de sépales, à part de rares exceptions (*Jasminum nudiflorum*); il y a pourtant dans la symétrie florale une différence plus grande encore : chez les Oléacées, les étamines correspondent aux sépales internes, les carpelles aux sépales externes ; c'est l'inverse chez les Jasminées normales. Ainsi, le plan des étamines des premières est perpendiculaire au plan passant par l'axe des étamines des Jasminées. Diverses raisons permettent du reste de considérer comme très vraisemblable que la corolle est formée de deux cycles hétéromères, l'extérieur polymère, l'interne constamment dimère, qui dans le *Jasminum nudiflorum* alternerait avec les étamines.

Telles sont, en somme, les raisons qui déterminent M. Eichler à tenir les Jasminées et les Oléacées pour deux familles distinctes, mais très voisines. C'est là, nous le répétons, un point secondaire, que des convenances d'un autre ordre nous font envisager autrement.

Nous considérons, avant tout, que les Phanérogames ont été trop dissociées en groupes secondaires, qu'on a depuis quelques années trop insisté sur leurs différences, et qu'il importe enfin que la notion de famille soit la même, qu'il s'agisse de Phanérogames ou de Cryptogames.

Reprenant donc, après cette discussion, l'étude des Oléacées dans le sens large, examinons maintenant l'ensemble de leurs caractères, et, pour procéder suivant le mode habituel, étudions d'abord l'inflorescence et la fleur.

L'*inflorescence* des Oléacées est généralement une cyme dichotome ou une panicule à ramifications plus ou moins concentrées, centripètes ou centrifuges.

Nous avons vu plus haut que la symétrie florale est très caractéristique. L'orientation de la fleur par rapport à l'axe qui la porte avait longtemps échappé aux observations, elle paraissait fort variable ; M. Eichler (*loc. cit.*, pag. 235) a montré qu'elle est liée de la façon la plus étroite à l'existence et à la position de deux brac- tées ou préfeuilles qui sont les premières productions de tous les rameaux floraux. Le premier cycle calycinal leur est toujours perpendiculaire ; la fleur de l'Olivier est orientée comme si elle possédait des préfeuilles, bien que ces productions lui fassent défaut en réalité ; on peut alors, ce semble, les considérer comme avortées, tandis que dans le *Fraxinus dipetala* leur place n'est même pas indiquée. Sauf ces rares exceptions, la disposition varia- ble du pistil et de l'androcée des Oléacées paraît dépendre uni- quement du développement des préfeuilles.

La *Fleur* est toujours actinomorphe, le plus souvent herma- phrodite, rarement polygame ou dioïque (*Fraxinus, Forestiera*).

Le *Calyce*, nul dans les *Fraxinus* de la section *Brumelioides* et dans quelques *Forestiera,* est ordinairement dialysépale, petit, campanulé, le plus souvent tétramère, parfois pentamère, et alors à sépale médian antérieur, quelquefois hexamère. Il existe, dans tous les cas, des différences faibles entre les deux cycles calycinaux.

La *Corolle*, le plus souvent gamopétale hypocratériforme ou campanulée, est parfois dialypétale ; c'est un phénomène de con- crescence purement parenchymateuse ; on trouve dans plusieurs cas les pétales concrescents sur les côtés en face des étamines et profondément séparées ou libres en avant et en arrrière (*Fon- tanesia, Loniciera, Hotolæa*). La corolle est formée de 4 pétales ordinairement en croix avec les sépales et par conséquent en diagonale par rapport à l'axe de la fleur. Elle n'a exceptionnel- lement, dans *Fraxinus dipetala,* que deux pétales qui corres- pondent aux sépales externes. La corolle manque même com- plètement dans les *Olea* section *Gymnelæa* et dans les *Fraxinus* sections *Melioides* et *Brumelioides* d'Endlicher. M. Eichler a même observé fréquemment des fleurs mâles de *Fraxinus Ornus* sans corolle.

Les modifications que nous venons de signaler dans la corolle des Oléacées sont fécondes en précieux enseignements. Ces deux faits que la corolle dipétale du *Fraxinus dipetala* est opposée au cycle externe du calyce, que les deux étamines sont toujours opposées au cycle interne du calyce, paraissent un argument très sérieux en faveur de l'hypothèse qui voit dans beaucoup de familles dicotylédones une corolle monocyclique opposée à un calyce dicyclique. Cette interprétation ne laisse pas de place au doute dans le *F. dipetala* ; mais là même où il y a 4 pétales, la position relative des étamines est la même : or, s'il y avait deux cycles à la corolle, la symétrie florale exigerait que les pétales fussent opposés aux sépales externes, ce qui n'arrive jamais.

Dans toutes les autres plantes de la famille, nous trouvons 4 pétales, mais la disposition relative des autres parties n'est aucunement modifiée. Le *Fraxinus dipetala* répondrait donc au schéma de la structure florale chez les Oléacées et pourrait s'exprimer par la formule S2+2, P2, E2, C2.

Le terme P2 serait remplacée par P4 dans les *Syringa, Olæa europæa*, etc. : il n'y a pas de dédoublement ; cette hypothèse est incompatible avec les lois de la symétrie florale, car dans ce cas l'étamine correspondrait à la nervure médiane d'un pétale dédoublé.

Lorsque la corolle manque, il y a simplement avortement normal ou accidentel suivant les cas ; la symétrie générale de la fleur n'en est aucunement troublée.

L'*Androcée* est caractéristique, nous le savons. Il est presque toujours formé de deux étamines, toujours opposées au cycle calycinal interne. C'est le cas de l'Olivier cultivé, où cette disposition est d'autant plus facile à observer que les étamines sont relativement très grandes (Pl. XVI). L'alternance régulière et constante de l'androcée avec les carpelles et avec la corolle dimère du *Fraxinus dipetala*, l'absence de toute trace d'autres étamines constatée dans plusieurs espèces par M. Van Tieghem, paraissent prouver que cette dimérie de l'androcée est normale.

Le *Tessarandra Fluminensis* Miers fournit pourtant une remarquable exception. Cette plante brésilienne possède 4 étamines alternes avec les 4 pétales. On ne peut donc admettre un dédoublement de deux étamines, mais bien un cas de tétramérie normale. Ainsi l'androcée, ordinairement dimère, peut être tétramère comme la corolle ; mais ce n'est là, il faut bien le retenir, qu'un cycle staminal unique, la position toujours la même des carpelles le démontre ; ils correspondent invariablement aux sépales externes, tandis qu'ils devraient nécessairement alterner avec eux si les deux étamines antéro-postérieures du *Tessarandra* appartenaient à un nouveau cycle alterne avec les deux étamines latérales.

Il n'est pas sans intérêt de rappeler ici l'observation faite par M. Van Tieghem sur le *Jasminum officinale* : à côté des deux faisceaux correspondant aux deux étamines, il en a trouvé deux autres qui correspondent, selon lui, à deux étamines complémentaires. On peut admettre que ces deux étamines, avortées chez la plupart des Oléacées, se sont développées dans le *Tessarandra*.

Cette tétramérie de l'androcée, réalisée parfois, donne beaucoup de force à l'opinion de Gardner et Wight (*Calcutta Journal of natur. history*) relativement aux Salvadoracées. Ces savants, sans connaître le cas du *Tessarandra*, rapprochaient ces plantes des Oléacées et des Jasminées. M. Planchon (*Annales des Sc. natur.*, Botan., 3ᵉ sér., X, pag. 189) accepte avec quelque hésitation ce rapprochement, que la connaissance plus complète de la morphologie florale légitime pleinement aujourd'hui. Le *Tessarandra* fournit le terme de passage qui manquait à l'époque où M. Planchon s'occupait des Salvadoracées.

Les *Anthères* sont ordinairement introrses, grandes, ovales oblongues (Pl. XVI), dorsifixes ; elles sont extrorses dans le *Linociera* ; les anthères ont une déhiscence longitudinale.

Le *Gynécée* est *invariablement* formé de deux carpelles en croix avec les deux étamines et opposés aux sépales externes. Ils s'unissent en un ovaire à deux loges, à placentation axile. Chaque loge renferme ordinairement deux ovules collatéraux, dont l'un avorte souvent. Les lobes du stigmate correspondent au milieu des carpelles.

Les ovules sont anatropes ou semi-anatropes, pendants à raphé externe (Oléacées *sensu stricto*) ou ascendants à raphé interne (Jasminées) ; on trouve exceptionnellement 3-10 ovules dans les *Forsythia*, un seul par avortement dans quelques Jasmins. Les ovules sont monochlamydés.

Le style est ordinairement court, ne dépassant pas ou dépassant à peine la corolle, surmonté d'un stigmate épais ou capité, le plus souvent bifide au sommet. A cette occasion, il n'est pas sans intérêt de mentionner les observations de M. R. Pirotta sur le dimorphisme floral du *Jasminum revolutum ;* ce savant a constaté que cette plante a des fleurs longistyles et des fleurs brévistyles (*Rendic. del R. Instit. Lombardo*, sér. II, XVIII, 1885). Il y a tout lieu de penser que les difficultés que présente la spécification de quelques plantes de la famille qui nous occupe résultent de ce qu'on a méconnu ces phénomènes de dimorphisme ; c'est du moins ce qui semble résulter des observations de Darwin, de M. Asa Gray et de M. Th. Meehan sur les *Forsythia* (*Proceedings of Acad. of natur. Sc. of Philadelphia*, 1883, pag. 111).

Les nectaires, lorsqu'il en existe, ne forment jamais un disque. Dans les Jasmins, les Troënes et les *Syringa*, le parenchyme de l'ovaire est saccharifère sur toute sa surface externe, sans qu'il y ait d'ailleurs de différenciation spéciale du tissu.

Rappelons incidemment que les Frênes sont particulièrement sujets au phénomène de la miellée ; on sait que c'est une simple exsudation, à la surface des feuilles, d'un liquide sucré qui s'échappe des tissus à la faveur d'une transpiration très acctive (Bonnier, *Les Nectaires*, *Annales des Sc. natur.*, Botan., 6e sér., t. VIII, 1879).

Le Fruit présente des variations dont l'importance a été très diversement appréciée suivant l'époque et l'état de la science. Au temps où la morphologie externe fournissait seule des caractères, le fruit, avec ses différentes formes, paraissait avoir une

importance capitale ; on sait maintenant que son origine est toujours la même, que ses différences sont superficielles, et on pré-
fère considérer des caractères plus importants et plus durables.
Quoi qu'il en soit, l'ovaire dicarpellé devient une capsule loculicide dans les *Syringa* et les *Forsythia*, une capsule septicide dans
les *Nyctanthes*, une samare dans les *Fraxinus* et *Fontanesia* ; les
téguments s'épaississent pour former une baie dans les Troënes
et les Jasmins, et, comme un seul ovule se transforme en graine
dans les *Olea*, *Phillyrea* et *Chionanthus*, le fruit y devient une
drupe.

Le *Fruit* renferme 2 à 4 graines, réduites le plus souvent à
une seule, lors de la maturité, par avortement d'une partie des
ovules; elles sont dressées ou pendantes, suivant l'insertion des
ovules.

L'embryon, droit, a presque toujours une radicule courte,
plus ou moins cachée entre les cotylédons, quelquefois aussi
longue que les cotylédons, et une gemmule à peine indiquée.

Les réserves nutritives dont l'embryon dispose sont en rela-
tion avec le développement des cotylédons. Toutes les Oléacées
(*sensu stricto*) sont pourvues d'un abondant albumen cellulo-
sique et chargé de matières grasses, jamais amylacé, comme
Endlicher le dit par erreur (*Genera Plantarum*, p. 572, sub
Olea); il renferme des albuminoïdes, des grains d'aleurone
polyédriques, avec de beaux cristaux d'oxalate de chaux, des
globoïdes et des cristalloïdes (Pirotta, *Sulla struttura del seme
nelle Oleacee*, Rendic. del R. Instit. Lombardo, sér. II, xvi,
1883); chez ces plantes, l'embryon a des cotylédons foliacés,
ovales ou oblongs. L'albumen manque chez les Jasminées, qui
ont au contraire des cotylédons épais et charnus ; l'absence
d'albumen est, nous l'avons vu, l'un des caractères auxquels on
attache le plus d'importance pour la distinction des deux groupes. Cependant, maintenant que nous savons le peu d'importance qu'a, au point de vue physiologique, l'existence ou l'absence
d'albumen dans la graine mûre, il convient, plus que jamais,
d'admettre l'opinion déjà ancienne de Ventenat (*Tableau du*

règne végétal, II, p. 282, an VII) relativement à la prudence avec laquelle il convient d'appliquer les caractères tirés de l'albumen.

Lors de la germination, les cotylédons sont toujours épigés, durables et fonctionnent comme feuilles après l'épuisement de leurs réserves. Ils présentent, dès le début de la germination, la structure normale des feuilles ; la disposition des tissus en est nettement bifaciale.

Est-il besoin, après ces renseignements, d'insister sur l'anatomie des Oléacées considérées dans le sens étendu où nous les envisageons ? Nous ne le pensons pas. La morphologie florale nous paraît avoir suffisamment précisé les caractères de l'ensemble et nous avoir montré d'une manière satisfaisante ses affinités.

D'ailleurs, si nous consultons la structure anatomique, nous observerions très vite que les Oléacées ont la structure la plus commune chez les végétaux ligneux. Nous devons donc nous attendre à ce que l'étude anatomique nous donne peu de résultats utiles. M. Vesque a pourtant donné la diagnose anatomique des Oléacées *sensu stricto* (*Annales des Sc. natur.*, Botan., 7ᵉ sér., I, p. 278, 1885).

« Poils tecteurs rares, ordinairement réduits à de petites papilles unicellulées, rarement plus développés, unisériés pauci-cellulés ; poils glanduleux, sessiles, capités, à tête divisée verticalement ou en écusson pluri-multicellulé. Stomates entourés de plusieurs cellules épidermiques irrégulièrement disposées, très rarement et par accident, de deux cellules parallèles à l'ostiole, ordinairement plus grands que les cellules environnantes. Cristaux aciculaires non orientés, très petits, rarement mêlés à des formes lamellaires, prismatiques ou octaédriques, très répandus dans les tissus, fréquents dans l'épiderme. Laticifères et autres glandes internes nuls. »

Il nous paraît utile de retenir que les Jasminées ont des poils granduleux capités, à tête uni-pluricellulaire, peu différents de ceux des Oléacées. Quant aux autres caractères, ils sont aussi communs que possible entre les deux groupes.

Puisque la morphologie et le développement de la fleur nous

ont à peu près appris tout ce que nous pouvions espérer au sujet des Oléacées, il ne serait pas nécessaire, ce nous semble, d'énumérer des caractères anatomiques qui n'offrent rien de particulier. On y a pourtant attaché une importance si grande depuis quelques années, que nous n'hésitons pas à mettre en relief les efforts tentés pour tirer de l'anatomie comparée des éléments nouveaux pour la distinction et la diagnose du groupe.

Commençant par la *racine*, on sait que l'accroissement terminal de cet organe s'opère chez les Oléacées suivant le mode le plus fréquent chez les Dicotylédones. La radicule présente, dès l'origine, des initiales propres au cylindre central, à l'écorce et à l'épiderme avec la coiffe. A cet égard, il n'y a aucune différence entre les Oléacées et les Jasminées (Voy. Flahault, *Recherches sur l'accroissement terminal de la Racine, Annales des Sc. natur.*, Botan., 6e série, VI, 1878).

M. L. Olivier (*Annales des Sc. natur.*, Botan., 6e série, XI, 1881) a étudié l'appareil tégumentaire de la racine des *Ligustrum* et *Fraxinus*. L'écorce primaire en est épaisse ; l'assise pilifère, très régulière, est bientôt remplacée par l'assise épidermoïdale sous-jacente dont les éléments s'épaisissent. L'écorce est vaguement séparée en deux zones. Les éléments de l'endoderme conservent leurs parois minces. Le péricycle est formé au début par une assise de grandes cellules à parois blanches et cellulosiques. Tout le tissu cortical se subérifie et s'exfolie, à l'exception de l'endoderme, qui sera détruit lui-même et exfolié par l'apparition des formations secondaires. Elles apparaissent de part et d'autre du péricycle, qui forme, vers l'extérieur, un épais manchon de liège sans cesse régénéré ; vers l'intérieur, un parenchyme secondaire à accroissement restreint qui limite une zone de fibres libériennes très épaisses. Les faisceaux libéro-ligneux de la racine ne présentent aucune particularité digne d'être signalée ; les éléments ligneux et libériens sont généralement étroits.

La *tige* des Oléacées est le plus souvent ligneuse dressée. Quelques-unes sont volubiles à droite et grimpantes (*Jasminum*), quelques autres sont herbacées.

La structure anatomique de cet organe a fait l'objet de bien
des recherches particulières depuis quelques années. Nous avons
tenu à les contrôler nous-même, dans l'espoir d'arriver à reconnaître si la tige des Oléacées peut fournir des caractères intéressants pour la distinction du groupe entier ou de ses subdivisions.
Il nous a été impossible d'en trouver. On peut, dès l'abord, faire
remarquer qu'il n'existe pas entre les vaisseaux de différents
âges, de différences notables de diamètre ; il y a une grande uni-
formité dans la nature et l'épaisseur des éléments du bois, de
sorte que les couches annuelles sont assez difficiles à reconnaître.

Que l'on choisisse un rameau lignifié de *Fraxinus excelsior*,
comme l'a fait M. L. Olivier (*Annales des Sc. natur.*, Botan.,
6e série, XI, 1881) ou un rameau de même âge d'Olivier, de
Troëne, ou d'Alaterne, on n'observera que des différences insignifiantes dans la structure de la tige. Au-dessous de l'épiderme
appuyé de quelques assises scléreuses, on trouve'une couche subé-
reuse, puis une couche parenchymateuse renfermant de la chlo-
rophylle et de l'amidon. Cette couche plus ou moins développée
s'appuie sur des fibres libériennes qui ne diffèrent pas de celles
de la racine.

MM. Sanio, Russow et Kohl ont successivement étudié le bois
au point de vue de la structure histologique. Il ont fait connaître
quelques particularités dignes d'être signalées.

C'est ainsi que M. Sanio a reconnu, dans les trachées de l'Olivier, des perforations qui les mettent normalement en continuité
les unes avec les autres, comme on l'a observé dans un grand
nombre de vaisseaux à parois obliques (trachéides). Quand les
vaisseaux ponctués confinent directement à des fibres sclérenchymateuses, elles n'ont ordinairement pas de ponctuations sur leurs
surfaces de contact ; M. Sanio en a trouvé dans l'Olivier, quoique
moins nombreuses que lorsque les vaisseaux sont en contact avec
d'autres vaisseaux.

Les rayons médullaires sont formés de une à trois couches de
cellules parenchymateuses étroites ; la moelle est homogène,
formée de cellules à parois épaisses.

Dans l'*Olea americana*, M. Kohl a observé des vaisseaux ligneux de deux sortes : les uns larges avec des ponctuations petites et étroites, les autres étroits avec de larges ponctuations. La moelle y est aussi exceptionnellement hétérogène, les cellules externes étant beaucoup plus épaisses que les cellules internes.

Les *feuilles* des Oléacées sont opposées, très rarement alternes (quelques Jasmins) ou verticillées, simples ou paucifoliolées pennées, entières ou dentées, toujours dépourvues de stipules, sauf dans les Salvadoracées, où l'on trouve des stipules filiformes. L'organogénie démontre pourtant, suivant M. Pirotta, que l'opposition des feuilles est plus apparente que réelle, car les deux protubérances foliaires ne sont pas contemporaines ; l'une d'elles a un développement supérieur à celle qui lui fait face, et elles ne sont pas, en réalité, insérées sur un même plan transversal (Pl. XVI).

La structure anatomique de la feuille est en rapport avec l'aspect extérieur, et d'autant plus différenciée que l'organe est plus épais. On y observe ordinairement une différenciation très nette entre les deux faces de la feuille. Les stomates sont rares à la face supérieure, au-dessous de l'épiderme de laquelle se développe un tissu en palissade puissant.

M. Pirotta a fait de l'anatomie comparée de la feuille des Oléacées l'objet d'une étude attentive (*Ann. dell' Instit. botan. di Roma*, 1885, avec 1 Pl.) ; c'est à ce travail tout récent que nous emprunterons la plupart des détails qui suivent.

La feuille est toujours recouverte d'un épiderme formé d'une seule couche de cellules riches en tannin ; il est mince (*Syringa, Fontanesia, Forsythia*) ou épais (*Olea, Notelea*) ; sur le pétiole, les cellules épidermiques sont plus ou moins prismatiques, allongées dans le sens longitudinal ; sur le limbe, elles sont polygonales, assez irrégulières ; leurs parois latérales sont rectilignes (*Phillyrea*, etc.) ou flexueuses (*Chionanthus, Olea*) ; ce caractère est susceptible de se modifier dans une certaine mesure sous l'action des influences extérieures. Les cellules épidermiques renferment fréquemment des cristaux d'oxalate de chaux groupés parfois en raphide (*Olea*), mais parfois isolés en octaèdres très plats (*Olea undulata*) et répandus alors dans tout le mésophylle. Les raphides sont plus particulièrement localisés dans l'épiderme et dans les rayons médullaires de l'écorce secondaire.

Beaucoup d'Oléacées ne possèdent que les poils glandulaires, dont le développement a été étudié avec soin par M. Prillieux (*Annales des Sc. natur.*, Botan., 4ᵉ sér., V, 1856, p. 5 et Pl. 2 et 3). Ce savant a montré qu'il y a identité entre les poils disciformes des Oléacées et des Jasminées, que ces poils ne diffèrent que par le degré de développement arrêté plus ou moins tôt suivant les cas. Très abondants chez quelques-unes de ces plantes, ils sont rares chez d'autres ou limités au pétiole et à la nervure principale du limbe (*Forestiera*, *Notelea*, *Osmanthus*). Leur forme définitive dépend de leur développement ; mais il est bon de noter que presque toujours, malgré leur origine glandulaire, les cellules terminales des poils des Oléacées ne renferment plus que de l'air à l'état adulte.

Les poils non glanduleux sont rares et généralement réduits à de petites papilles coniques très épaissies qu'on ne trouve guère que sur le pétiole. L'*Olea glandulifera* seul possède de longs poils unisériés, limités à des cryptes spéciales situées à l'aisselle des nervures et à la face inférieure (Vesque, *Annales des Sc. nat.*, Botan., 7ᵉ sér., I, 1885, p. 268).

Les stomates ne se rencontrent qu'à la face inférieure des feuilles ; cependant on en trouve exceptionnellement quelques-uns au bord supérieur des feuilles de *Ligustrum vulgare*; ils sont toujours disposés sans ordre apparent à la surface du limbe ; M. Weiss en a compté 625 par millimètre carré dans l'Olivier cultivé (*Pringsheim's Jahrbücher*, IV, pag. 124). Dans quelques espèces, on trouve des stomates de deux sortes, les uns beaucoup plus petits que les autres ; mais ils sont généralement grands et entourés de plusieurs cellules épidermiques.

On observe des stomates aquifères réunis par trois ou quatre, vers les bords des feuilles de Frêne, de *Forsythia* et *Phillyrea*, et au voisinage des terminaisons vasculaires.

Le système mécanique de la feuille de l'Olivier est bien connu depuis la publication des recherches de M. Areschoug (*Jemförande Undersökningar öfver Bladetsanatomi*, petit in-4°, Lund, 1878, pag. 40-46). On sait qu'il est très puissamment développé chez l'Olivier, comme chez la plupart des espèces à feuilles persistantes.

Il était intéressant de soumettre ce tissu physiologique à une étude particulière dans un groupe où la feuille présente des variations si grandes au point de vue de sa consistance et de sa durée. C'est à M. Vesque et à M. Pirotta que nous devons encore des renseignements très détaillés sur ce point. Si nous considérons l'Olivier comme point de départ, nous pouvons résumer ce que nous en savons, en disant que le système mécanique, toujours de même nature fondamentale, diminue à mesure que la feuille est plus fugace. On observe ainsi tous les intermédiaires entre les *Olea* à feuilles dures et les *Syringa*. Chez les espèces à feuilles caduques, le système mécanique se réduit le plus souvent, dans le pétiole, à un peu de collenchyme ; la nervure médiane reproduit la même structure ; mais souvent deux cornes détachées du faisceau se rapprochent et se confondent pour former un second faisceau inverse du premier, à la face supérieure. Le collenchyme diminue peu à peu sur les nervures secondaires à mesure qu'on se rapproche du tissu assimilateur. Nous verrons plus loin que des cellules scléreuses issues du mésophylle viennent augmenter la protection des tissus parenchymateux ; il est bon de dire dès maintenant que le collenchyme paraît toujours d'autant plus développé que les cellules scléreuses sont moins nombreuses.

Les cellules scléreuses n'existent pas partout. Beaucoup d'Oléacées ont les tissus de la feuille tendres, sont malacophylles, suivant l'expression de M. Vesque. Il n'existe pas de trace de cellules scléreuses dans les *Phillyrea*, *Forsythia*, *Forestiera* ; elles sont rares dans les *Ligustrum*, *Fraxinus* et *Syringa*. Partout ailleurs, elles sont plus ou moins développées, surtout dans le tissu assimilateur qu'elles ont surtout pour but de rendre plus résistant. Elles sont courtes (*Fraxinus juglandifolia*, *Chionan-*

thus fragrans), en colonne, dans tout le tissu assimilateur de la feuille du *Picconia excelsa* et des *Osmanthus*, irrégulièrement ra-meuses dans l'Olivier, dont elles soutiennent fortement les deux épidermes ; souvent aussi ces diverses sortes de cellules protec-trices se rencontrent en même temps dans les tissus de la feuille (*Notelea, Olea*).

Le système mécanique est augmenté encore par des fibres sclérenchymateuses libriformes, plus ou moins développées dans les nervures, suivant les genres.

Le système vasculaire est formé, dans le pétiole, par un fais-ceau unique, étroitement recourbé en arc, accompagné ou non de deux petits faisceaux latéraux (Vesque, *Annales des Sc. na-tur.*, Botan., 7ᵉ sér., I, 1885, pag. 271). Ce faisceau est fréquem-ment disjoint et séparé en divers groupes par d'étroits rayons médullaires (Pirotta ; *loc. cit.*). Le faisceau est ouvert, c'est-à-dire pourvu d'un cambium à fonctionnement limité, ainsi que M. Van Tieghem en a signalé dans beaucoup de Dicotylédones ligneuses (*Bulletin de la Soc. botan. de France*, XXVI, 1879, pag. 17).

Une coupe transversale du pétiole de l'Olivier laisse voir que le liber se compose d'éléments parenchymateux larges, au milieu desquels on trouve çà et là des groupes de cellules beaucoup plus étroites, qui semblent issues de la division des précédentes; M. de Bary y voit des vaisseaux grillagés ou des cellules cambi-formes ; ce liber mou est bordé extérieurement de fibres scléren-chymateuses libriformes épaisses. Le développement de ces fibres, très faible dans le *Forsythia suspensa* et dans les *Ligus-trum*, atteint son maximum dans le *Notelea*. La partie ligneuse du faisceau est très compacte, formée d'éléments disposés sans ordre apparent dans la partie interne, en séries radiales régu-lières dans la région externe ; les séries radiales de vaisseaux ponctués à parois épaisses y alternent avec les files de cellules parenchymateuses.

La moelle est relativement considérable dans le pétiole, et plus ou moins entourée par le bord ventral, concave, du faisceau disjoint ; ses cellules sont irrégulières ; sa couche la plus interne, constituée par des éléments plus grands, plus réguliers, ovales en section transverse, forme la gaîne amylifère.

Le tissu assimilateur se développe insensiblement dans le pétiole vers la naissance du limbe ; sa différenciation s'y accentue en parenchyme vert et en tissu palissadiforme qui a 2 à 4 séries superposées, 5 même dans le *Picconia* ; l'épaisseur en est d'ailleurs variable avec les différents points du limbe, sans qu'il semble qu'on en puisse tirer des caractères intéressants. Le parenchyme lacuneux est d'ordinaire plus épais que le tissu en palissade ; ses cellules ont des formes et des dimensions variables, circonscrivent d'étroits méats ou de larges lacunes, suivant les genres. On y trouve toujours beaucoup de tannin et çà et là des cristaux d'oxalate de chaux.

La chute des folioles du Frêne a lieu, comme chez presque tous les arbres, par la formation d'une couche de liège au point d'insertion de la foliole. (Van Tieghem et Guignard, *Bull. de la Soc. botan. de France*, XXIX, 1882.)

Les détails qui précèdent montrent suffisamment qu'on n'a négligé aucun détail de la structure anatomique des plantes qui nous occupent ; cependant la notion que nous possédions des Oléacées en est-elle devenue plus nette ? En aucune façon ! La fleur, qui fournit, chez les Phanérogames, les caractères les plus importants, suffisait seule à nous donner de l'ensemble une connaissance satisfaisante. C'est aux travaux de M. Van Tieghem et de M. Eichler que nous devons de pouvoir déterminer la place naturelle que les Oléacées doivent occuper dans l'ensemble des plantes Corolliflores et leurs affinités avec les groupes voisins ; ils n'ont laissé à résoudre aucun problème important relativement à la morphologie florale. Il nous paraît inutile, dans ce cas particulier, d'interroger la structure anatomique, qui ne devait fournir vraisemblablement aucune indication nouvelle ; elle est demeurée muette, en effet, et tous ces efforts ont abouti seulement à nous montrer que la structure des Oléacées est, sauf quelques variations insignifiantes, celle de la majorité des végétaux Dicotylédones. Qu'on demande à la struc-

ture anatomique une notion que la fleur ne saurait fournir, c'est
logique ; mais quel intérêt y a-t-il à rejeter la morphologie florale, lorsqu'elle suffit à nous éclairer, pour la remplacer par des
caractères que le microscope peut seul révéler ? Les résultats
acquis depuis quelques années ne paraissent pas devoir encou-
rager beaucoup ceux qui ont cru trouver dans l'anatomie comparée la clef de tous les problèmes. (Voyez surtout : Solereder,
Ueber den systematichen Werth der Holzstructur bei den Dikotyle-
donen, Munich, 1886 ; Vesque, *Annales des Sc. natur.*, Botan.,
7e série, I, 1885.)

M. A. De Candolle a publié dans le *Prodrome* la monographie
des Jasminées et celle des Oléacées (tom. VIII, 1844). Il aurait
laissé bien peu de chose à faire à ses successeurs si les travaux
de M. Eichler et de M. Hooker n'avaient introduit dans l'étude
de ces plantes des éléments nouveaux que nous avons fait connaître. Quelques changements dans le groupement relatif des différents genres d'Oléacées nous paraissent être la conséquence né·
cessaire des travaux de ces savants. Ajoutons que, pour mettre
la systématique des Phanérogames à l'unisson de celle des Thal-
lophytes, nous croyons, avec MM. Bentham et Hooker, et avec
M. Van Tieghem, devoir renfermer la famille des Oléacées dans
un cadre moins étroit ; il convient qu il y ait équilibre entre les
différents embranchements du règne végétal, et que les Phanérogames ne semblent pas, contrairement à la réalité, l'emporter,
par la diversité des formes, sur l'ensemble des Cryptogames. Ces
considérations mériteraient de plus longs développements qui ne
sauraient avoir leur place ici. Nous pourrons nous étendre sur
ce sujet lorsque nous publierons, comme nous espérons pouvoir le faire, une étude plus complète sur le groupe entier des
Oléacées. Pour le moment, nous ne ferons que résumer notre
manière de voir, en modifiant, dans la mesure où nous croyons
devoir le faire, la classification adoptée par M. De Candolle, et
en renvoyant au *Prodrome* pour l'historique général, auquel nous
n'aurions à ajouter que les travaux signalés plus haut.

Les Jasminées constituent, selon lui, un groupe indivisible dont il fait sa 128ᵉ famille. Nous n'avons qu'à maintenir cette notion simple, quant aux Jasminées.

Nous les considérerons comme la première tribu des Oléacées.

La tribu des Oléinées (127ᵉ famille de M. A. De Candolle), divisée par l'auteur de la monographie du *Prodrome* en quatre tribus, nous semble nécessiter quelques changements, motivés avant tout par les recherches de M. Eichler et de M. Hooker.

Nous croyons devoir réduire à trois le nombre des subdivisions ; les *Noronhea* et *Ceranthus* se relient directement aux Oléées par les *Eu-Loniciera*, qui possèdent, comme les Oléées, un albumen charnu-cartilagineux. Les Chionanthées se confondent ainsi avec les Oléées ; mais l'absence d'albumen rapproche des Jasminées quelques-uns des représentants de ce petit groupe. Nous placerons donc en tête de la série des Oléinées la sous-tribu des Oléées ; les Syringées prendront place entre elles et les Fraxinées, qui par l'ensemble de leurs caractères s'éloignent beaucoup plus du type primitif. Les Salvadoracées formeront la troisième tribu ; leur étude est malheureusement trop incomplète encore pour que nous donnions un caractère plus positif à ce que nous en savons.

Les notes que nous donnons ci-après sous forme de tableau résumeront notre manière de voir mieux que toutes les explications.

OLÉACÉES.

Trib. I. Jasminées. Pas d'albumen.

Trib. II. Oléinées (Oléacées DC.).

Sous-trib. I. Oléées. Fruit charnu drupacé ou bacciforme, indéhiscent. Deux ovules dans chaque loge, fixés latéralement au voisinage du sommet. Graines uniques par avortement de trois ovules, rarement deux dans chaque loge. Graine albuminée à radicule supère. Inflorescence paniculée trichotome ou fasciculée, à rameaux primaires centripètes, les derniers parfois centifuges.

+ Le fruit est une drupe.

A. Graines dépourvues d'albumen à la maturité.

Noronhea, Ceranthus.

B. Graines albuminées à la maturité.

α Corolle développée.

Linociera, Notelæa, Osmanthus, Phillyrea, Chionanthus, Olea (pro parte).

β Corolle presque toujours nulle ou réduite.

Olea (pro parte), *Forestiera.*

+ + Le fruit est une baie à 1-4 graines.

Myxopyrum, Ligustrum.

Sous-trib. II. Syringées. Fleurs hermaphrodites à corolle tubuleuse. Fruit sec capsulaire, à déhiscence loculicide, ovules suspendus au sommet de chaque loge. Graines ailées suspendues, à radicule supère.

Syringa, Forsythia, Schrebera (*Nathusia* Richard).

Le genre *Syringa* se rapproche beaucoup des Fraxinées par ses ovules au nombre de 2 dans chaque loge et sa corolle à préfloraison valvaire induppliquée ; les *Schrebera* ont 3-4 ovules dans chaque loge, les *Forsythia* en ont 4-10 ; mais, tandis que tous les genres précédents ont des graines à albumen abondant, l'embryon des *Schrebera* a consommé l'albumen au moment de la maturité de la graine.

Sous-trib. III. Fraxinées. Fruit samaroïde, biloculaire, indéhiscent, ailé. Calyce parfois nul. Fleurs polygames et apétales (*Fraxinus* sect. *Fraxinaster*), dipétales ou tétrapétales (*Fraxinus* sect. *Ornus*) ; corolle à préfloraison valvaire induppliquée. Deux ovules suspendus au sommet de chaque loge. Graines comprimées, aplaties, albuminées, à radicule supère (position déterminée nécessairement par la forme et la position de l'ovule). Inflorescence rameuse centripète, à rameaux serrés en fascicules plus ou moins condensés aux nœuds.

Fraxinus, Fontanesia.

Le genre *Fontanesia* Labillardière constitue un lien naturel entre les Fraxinées et les Syringées. Le fruit en est bien une capsule biloculaire, comme dans les Syringées, mais une capsule indéhiscente entourée d'une aile étroite ; les graines y sont le plus souvent uniques dans chaque loge, comme dans les *Fraxinus*.

Trib. III. Salvadoracées. J.-E. Planchon (*Annales des Sc. natur.*, Botan., 3ᵉ série, X, pag. 189).

Fleurs formées de 4 sépales, de 4 pétales, de 4 étamines introrses, de deux carpelles surmontés d'un style très court terminé en stigmate bilobé. Dans chaque loge, 2 ovules collatéraux et ascendants. Baie uni ou biloculaire. Albumen nul. Feuilles munies de très petites stipules filiformes.

Salvadora, Azyma, Dobera.

Les Oléacées appartiennent généralement à la partie tempérée et chaude de l'ancien continent ; abondantes dans la région méditerranéenne en Europe, elles s'étendent, d'une façon générale, à travers la zone tempérée du continent asiatique et prennent, en Chine et au Japon, leur maximum d'extension.

Quelques espèces atteignent le voisinage de la région boréale (*Fraxinus*) ; quelques autres s'étendent jusqu'aux Indes, l'Australie et l'archipel Malais (*Ligustrum*). Le genre Olivier est répandu surtout sur le continent asiatique, mais il s'étend exceptionnellement au delà des limites de la famille, dans les régions chaudes et tempérées des deux hémisphères. Une seule espèce pourtant, l'*Olea americana*, est répandue dans la Floride, la Géorgie et la Caroline ; *O. laurifolia* se rencontre en Abyssinie et jusqu'au cap de Bonne-Espérance.

De toutes les Oléacées, les *Ligustrum* et les *Olea* sont les plus nombreux en espèces.

Le genre *Olea*, dont nous allons maintenant nous occuper plus spécialement, a été parfaitement défini et caractérisé par Linné, qui le plaçait, nous l'avons vu, dans sa Diandrie Monogynie, à côté de toutes les plantes avec lesquelles l'Olivier présente des affinités réelles, y compris les Jasmins.

Voici la diagnose qu'il en donne (*Genera Plantarum eorumque characteres naturales,* edit. sexta, Stockholm, 1764, pag. 10) :

« *Olea* ; Calyc. Perianthium monophyllum tubulatum, parvum;

ore quadridentato, erecto, deciduum. Coroll. monopetala, in-
fundibuliformis ; Tubus cylindraceus, longitudine calycis ; lim-
bus quadripartitus, planus ; laciniis semiovatis. Stamin. filamenta
duo, opposita, subulata, brevia ; antheræ erectæ. Pistill. Ger-
men subrotundum ; stylus simplex, brevissimus, stigma bifi-
dum, crassiusculum, laciniis emarginatis. Drupa subovata, gla-
bra, unilocularis. Semin. nux ovato-oblonga, rugosa. »

Cette diagnose, de moitié plus courte que celle que Tournefort avait donnée du genre *Olea*, est aussi beaucoup plus précise,
et, malgré les progrès de la morphologie florale, elle s'applique
toujours exactement à ce genre.

M. A. De Candolle (*Prodrome*, VIII, pag. 284, 1844) a divisé
le genre *Olea* en deux sections, se conformant en partie à ce
qu'avait fait Endlicher (*Genera Plantarum*, pag. 572).

La première section, *Gymnelæa*, a été caractérisée par Endlicher. Aux caractères généraux du genre, il suffit d'ajouter la
mention de l'absence de corolle et de l'hypogynie des étamines.
La section *Gymnelæa* ne renferme d'ailleurs qu'une espèce, l'*Olea
apetala* Vahl (non aliorum).

La section *Eu-elæa* correspond aux *Oleaster* d'Endlicher ; le
limbe de la corolle est quadrifide ; les étamines sont insérées à
la base de la corolle. C'est à cette section que se rapportent la
diagnose de Linné et les descriptions que la plupart des auteurs
ont données depuis des Oliviers.

Elle se subdivise elle-même naturellement, 1° en : *Eu-elæa*
à inflorescences terminales, pour lesquelles Decaisne proposait
d'établir un genre nouveau (*Monographie des Ligustrum et des
Syringa*, 1878, pag. 8), et 2° en *Eu-elæa* à inflorescences axillaires. Parmi ces dernières, les unes ont les fleurs dioïques par
avortement (*O. dioïca* Roxburgh, *O. americana* L.) ; les autres
ont les fleurs hermaphrodites. C'est parmi ces dernières espèces
que l'Olivier cultivé (*Olea Europæa*) a sa place.

L'Olivier d'Europe est suffisamment caractérisé vis-à-vis de
tous ses congénères par ses feuilles oblongues ou lancéolées,
très entières, mucronées à l'extrémité, glabres en dessus, blan-

ches écailleuses en dessous, à rameaux axillaires, dressés lors de la floraison (Pl. XVI), pendants lors de la maturité du fruit, et par sa drupe ellipsoïde.

Linné (*Species Plantarum*, 3ᵉ édit., Vienne, 1764, pag. 11) distinguait déjà plusieurs variétés d'Olivier, et avant tout l'*Olea sativa*, type de toutes nos variétés cultivées aujourd'hui, et l'*Olea sylvestris* (*Oleaster* DC.), l'olivier sauvage de nos plaines méridionales. Avant lui, Magnol (*Hortus regius Monspeliensis sive*, etc., Monspel., 1697) distinguait déjà 12 espèces d'Oliviers appartenant au même type spécifique. Gouan, près d'un siècle plus tard, n'a fait que répéter ce qu'en avait dit Magnol (*Flora Monspeliaca, sistens plantas*, etc., Lugdun., 1765); mais il ne nous appartient pas d'empiéter sur ce domaine, qui intéresse d'une façon spéciale l'histoire de l'agriculture.

Revenant au type de l'espèce, à l'Olivier cultivé, à l'*Olea Europæa* de Linné, nous pouvons nous demander quelles sont les limites géographiques entre lesquelles on le rencontre, dans quelles limites climatériques on peut le cultiver.

L'Olivier est un arbre essentiellement méditerranéen ; il se plaît aux climats chauds et secs ; il fuit l'humidité et ne redoute rien des longues sécheresses habituelles aux régions méditerranéennes. Sa place est à côté de tous les arbres dont le feuillage persistant garantit l'existence en les protégeant contre une transpiration trop active.

En somme, et pour formuler immédiatement une idée générale, l'Olivier prospère dans la région méditerranéenne comprise dans son sens le plus large, suivant l'opinion de M. O. Drude (*Die Florenreiche der Erde, Peterman's Mitteilungen, Ergänzungsheft*, nᵒ 74, 1884). Le savant professeur de Dresde désigne cette région sous le nom de boréo-subtropicale ; se plaçant à un point de vue plus large que ne l'avait fait Grisebach, il la considère comme intermédiaire entre l'Europe moyenne (domaine forestier de l'Europe occidentale de Grisebach) et les forêts tropicales de l'Asie et de l'Afrique. Il la divise en quatre domaines ; le premier comprend les Açores, les Canaries et Madère ; le deuxième, qui reçoit le nom d'Atlantico-méditerranéen, embrasse toute la péninsule Ibérique, toute la partie de la France où prospère le Chêne-vert, toute l'Italie, la Turquie et la Grèce, les rivages méridionaux de la mer Noire, les côtes de l'Anatolie, de la Syrie et de l'Égypte, et toute l'Algérie, y compris les hauts plateaux. Le domaine du sud-ouest de l'Asie est limité au N. par le Caucase et les rivages méridionaux de la mer Caspienne, par le versant S. de l'Himalaya ; il s'étend à la grande partie de la vallée de l'Indus et aux bords du golfe Persique. Le Sahara et le nord de l'Arabie constituent le quatrième domaine méditerranéen, limité au S. par une ligne qui oscille entre les 15° et 20ᵉ parallèles.

Le domaine Atlantico-méditerranéen comprend toute la France méditerranéenne. M. Drude l'étend au delà des limites que lui assignait Grisebach, en s'appuyant sur ce fait que le Chêne-vert prospère dans la vallée de la Garonne et jusqu'à La Rochelle. Tout le sud-ouest de la France est donc compris par M. Drude dans la région méditerranéenne.

Nous avons insisté d'une manière particulière, avec M. E. Durand (*Bulletin de la Soc. botan. de France*, XXXIII, 1886), sur les raisons qui nous paraissent s'opposer à ce qu'on adopte la manière de voir de M. Drude. Nous pensons, au contraire, que la région méditerranéenne doit être considérée comme bornée par les limites de culture de l'Olivier, et nous n'hésitons pas à reproduire ici l'exposé des motifs qui nous décide à adopter cette opinion.

Des conditions topographiques particulières posent presque partout, dans le midi de la France, une barrière entre le Nord et le Midi. Vers le N. et vers l'O., les pluies ne manquent à aucune saison de l'année. Dans le Midi, l'été est régulièrement dépourvu de pluies; au N. et à l'O., l'hiver vient seul arrêter pendant longtemps toute végétation. Au S., le repos hivernal n'est jamais complet et il est de courte durée ; mais aux mois d'été correspond un arrêt de la végétation presque partout plus long et plus complet que le repos hivernal.

Sans chercher à formuler l'action intime que de semblables différences climatériques exercent sur la végétation, et sur laquelle la physiologie expérimentale pourra seule nous éclairer, nous pouvons, du moins, établir ce fait que trois conditions essentielles impriment à la région méditerranéenne son caractère distinctif ; ce sont : 1° l'apparition à peu près exclusive des essences forestières à feuilles persistantes ; 2° la prédominance des arbrisseaux vivaces à feuilles persistantes et souvent aromatiques ; 3° le nombre considérable des plantes annuelles.

Nous avons essayé de mettre en relief cette physionomie si spéciale à nos régions méridionales, et de donner la notion des végétaux auxquels elles la doivent. De même pourtant qu'on voit quelques plantes propres aux rivages de la mer s'éloigner plus ou moins des points directement soumis aux influences marines, de même on constate que des végétaux méditerranéens s'élèvent le long des pentes de nos montagnes et se mêlent dans une certaine mesure aux plantes de la région forestière. Il y a donc pénétration réciproque des flores de l'Europe moyenne et méditerranéenne. Où trouverons-nous un caractère qui nous permette de tracer une limite entre elles ?

Il nous a paru que l'Olivier répond à toutes les conditions qu'on peut exiger pour la détermination de cette limite. Insensible, ou peu s'en faut, à la nature chimique du sol, l'Olivier exige seulement des terrains secs ; les extrêmes de température entre lesquels il végète sont aussi en parfaite harmonie avec ce que nous savons de la flore méditerranéenne. Ces diverses raisons ont paru si bonnes que beaucoup d'auteurs ont donné à la région de la Méditerranée le nom de région de l'Olivier ; nous n'hésitons pas à croire que cet arbre peut, sur tout le pourtour de notre grand bassin intérieur, servir à caractériser le domaine Atlantico-méditerranéen. C'est du moins le résultat auquel nous conduisent les observations que nous avons pu faire dans le sud de l'Espagne, au voisinage des hauts plateaux de l'Algérie, ce qui ressort, du reste, de la plupart des travaux publiés sur ce sujet.

Or, nous savons qu'en raison même de la place qu'il occupe dans l'alimentation du Midi, l'Olivier est cultivé, en France, partout où le climat ne s'oppose pas à sa culture, partout où l'on peut en attendre, non pas un rapport commercialement rémunérateur, mais seulement les produits nécessaires à l'alimentation quotidienne; il est donc possible de tracer la limite de culture de l'Olivier sans interruptions ni lacunes.

Ce tracé, exécuté par M. E. Durand pour l'École Nationale d'Agriculture de Montpellier, a été vérifié par nous sur un grand nombre de points. Nous l'avons reporté sur une carte très réduite, qui fait disparaître presque tous les détails. Il se montre pourtant presque partout d'une rare élégance. Il semble que les vallées des Pyrénées-Orientales et de l'Aude soient coupées par un plan horizontal suivant une altitude moyenne variant entre 300 et 400 mètres. Au-dessous de ce niveau, il n'est pas un vallon, pas un ravin, où l'Olivier ne soit cultivé. Au-dessus, il n'existe nulle part. Arrêté souvent par des massifs montagneux, l'Olivier a pénétré avec l'agriculture dans toutes les vallées, sans que jamais une autre cause le limite que l'impossibilité de la culture. On remarquera la manière dont il remonte le long des vallées du Jaur vers Saint-Pons, de l'Orb jusqu'au delà de Lunas, de l'Hérault, du Gardon et surtout de l'Ardèche et des ses affluents, de la Durance et de ses vallées latérales. Il s'épanouit largement dans la dépression qui forme le seuil de Castelnaudary et dans la vallée du Rhône, sur la rive gauche duquel il s'arrête en face de Viviers, tandis que sur la rive droite il s'étend jusqu'à Rochemaure, à 13 kilom. au Nord (Pl. XV).

En résumé, nous pouvons dire que l'Olivier caractérise essentiellement la région méditerranéenne, et qu'il prospère partout où se présentent les conditions propres à cette région.

Si nous nous élevons dans les montagnes, nous observons sans difficulté que l'Olivier n'atteint pas la même altitude dans les contreforts de Pyrénées et dans les Alpes-Maritimes, et si nous consultons les données acquises par un grand nombre d'observateurs, nous pourrons sans difficulté reconnaître la nature et l'amplitude de ces différences. Peut-être même en pourrons-nous reconnaître les causes !

Sans sortir de notre domaine méditerranéen français et en commençant par l'Ouest, on sait que la limite moyenne de la culture de l'Olivier ne dépasse guère 420 mèt. dans les Pyrénées-Orientales. Dans l'Aude, la culture de l'Olivier ne dépasserait pas 150 mèt. Dans l'Hérault, et dans les Bouches-du-Rhône, elle atteint 400 mèt. Il est intéressant de constater qu'à l'E. du Rhône, la limite supérieure de la culture de l'Olivier s'élève notablement. Il y a des Oliviers très prospères à 600 mèt. d'altitude sur le versant méridional du Luberon et du Ventoux. Il atteint 700 mèt. dans les environs de Castellane, et 800 mèt. sur les versants méridionaux des Alpes-Maritimes. Ces différences sont fort importantes, il faut le reconnaître, si nous envisageons l'ensemble de la région méditerranéenne de l'Ouest à l'Est, si même nous nous limitons au bassin occidental de la Méditerranée. En Portugal, nous le trouvons dans les montagnes de l'Algarve à 454 mèt. (Bonnet) ; mais il est reconnu que l'Olivier n'atteint par ses dimensions normales au-dessus de 290 mèt., dans cette région. Dans la Sierra-Nevada, Boissier l'a observé jusqu'à 974 mèt. et même jusqu'à 1,370 mèt. dans des situations favorables. Il atteint 700 mèt. dans les îles Baléares (Marès et Viginoix), 715 sur l'Etna (Gemellaro), 650 en Cilicie (Unger et Kotschy), 800 à Chypre, 1,000 mèt. à Grenade et plus encore dans la province d'Alger.

On peut, croyons-nous, résumer ces observations en admettant que la limite altitudinale de l'Olivier atteint son maximum là où les caractères climatériques de la Méditerranée atteignent leur maximum. Elle s'abaisse vers l'Orient, où les hivers deviennent très rigoureux ; elle s'abaisse beaucoup plus encore sur la côte du Portugal, pour se relever au delà des montagnes qui arrêtent la plus grande partie des précipitations aqueuses et impriment aux montagnes de l'intérieur de l'Espagne leur caractère climatérique spécial.

La limite en altitude paraît donc déterminée aussi bien que

la limite en latitude par l'accroissement de l'humidité en même temps que par l'abaissement des températures hivernales. De là vient, sans doute, l'étonnante différence que présentent, à cet égard, Nice et Florence, Venise et la côte illyrienne, le long de laquelle l'Olivier atteint 46° de latitude. De là vient sans doute qu'à l'O. de l'Europe l'Olivier ne dépasse guère 44°, tandis que vers l'E. il atteint 45°.

Il nous resterait, pour terminer, à nous demander quelle est la patrie de l'Olivier, d'où il nous est venu et à qui nous devons cette précieuse introduction ; mais M. A. De Candolle a traité ce sujet et y a apporté les qualités avec lesquelles il sait étudier de pareils problèmes. On ne saurait mieux faire que de se pénétrer des pages séduisantes qu'il consacre à l'origine de l'Olivier (A. De Candolle, *Origine des plantes cultivées* ; Bibliothèque scientifique internat., pag. 222-227). Nous nous contenterons de rappeler la conclusion de cette remarquable étude, d'après laquelle la patrie préhistorique de l'Olivier s'étendait probablement de la Syrie vers la Grèce, car l'Olivier sauvage forme de véritables forêts sur la côte méridionale de l'Asie-Mineure. Aux nombreux et précieux renseignements accumulés par le savant botaniste de Genève, nous nous permettrons d'en ajouter un seul, fruit de recherches récentes. Notre compatriote, M. Maspero, a eu la bonne fortune de découvrir, près de Thèbes, des momies datant de la xxᵉ à la xxvıᵉ Dynastie, entourées de guirlandes formées de feuilles d'Olivier, une, entre autres, portant une couronne frontale formée de feuilles du même arbre. M. Pleijte pense que l'Olivier a été apporté en Égypte à la suite des conquêtes de la xixᵉ Dynastie en Asie et que l'idée symbolique qui le faisait appliquer aux couronnes funéraires a la même origine. (Voyez M. Schweinfurth, *Berichte der deutschen botan. Gesellschaft*. Berlin, juillet 1884.)

CH. FLAHAULT.

II. — DESCRIPTION DES VARIÉTÉS D'OLIVIERS.

A. — Variétés du Languedoc.

OLIVIÈRE.

Synonymes. — OÚLIVIÈRE, OULLIVIÈRE, OULIVIEÏRA (Hérault).
POINTUE (Hérault) ; POUNCHUDO-BARRALENQUO (Provence).
GALLINENQUE, GALINENQUE. *Rozier*, *Amoreux* (Languedoc).
LIVIÈRE, LAURINE. *Rozier*.
MICHELENQUE. *Amoreux* (Gard).
(?) BOUTEYENQUE. *Amoreux* (Beaucaire).
PLANT D'AIGUIÈRES. *Amoreux* (Marseille).
ANGELON SAGE. *Reynaud* (Gard).
(?) OUANA (Roussillon).
OLEA EUROPÆA MEDIA OBLONGA ANGULOSA. *Gouan*, Flor. Monsp.
OLEA EUROPÆA LAURIFOLIA. *Risso*.
OLEA FRUCTU MAJUSCULO ET OBLONGO. *Tournefort*.

DESCRIPTION.

Arbre vigoureux, mais n'atteignant jamais un très grand développement, à *port* étalé ; *tronc* cylindrique, non cannelé. — *Écorce* gris-noirâtre, très fendillée sur le tronc et les branches de charpente, se détachant en lanières courtes et régulières. — Les branches de charpente sont horizontales ou inclinées vers le sol, et les nombreux rameaux qu'elles portent retombent jusqu'à terre. L'arbre, dans son ensemble, a la *forme* d'un cylindre beaucoup plus large que haut. — *Rejets* ordinairement peu nombreux.

Rameaux jeunes vigoureux, contournés sur eux-mêmes, disposés en hélice et s'insérant à angle aigu. — La *couleur* gris cendré clair des rameaux de l'année fait ensuite place à une teinte gris noirâtre. — *Bois* nettttement quadrangulaire au début, puis cylindrique sur les rameaux plus âgés ; parsemé de nombreuses lenticelles petites, d'un brun doré, légèrement strié ; *nœuds* moyens.

Feuille allongée, ovale, lancéolée, grande ou très grande (longueur moyenne : 8 à 9 centim., exceptionnellement 10 et 11 centim. ; — largeur moyenne : 1 $^1/_4$ à 1 $^1/_2$ centim. jusqu'à 2 centim. sur les sujets très vigoureux). — *Face supérieure* vert clair luisant ; *face inférieure* à dépôt blanc épais et uniforme. — *Limbe* épais, à bords très refoulés, formant gouttière. — *Nervures* marquées seulement à la face supérieure. — *Mucron* long, aigu, recourbé vers la face inférieure de la feuille. — *Pétiole* moyen, s'insérant à angle très aigu surtout à l'extrémité des rameaux, où les feuilles sont habituellement accumulées.

Les feuilles sont très nombreuses et le *couvert* de l'arbre est épais. De plus, elles sont contournées sur elles-mêmes et présentent à l'extérieur leur face inférieure, de telle sorte que l'arbre, vu d'un peu loin, a un aspect blanchâtre très caractéristique.

Fruits agglomérés à la base des rameaux, sur le bois de deux ans ; presque exclusivement sur les rameaux pendants, rarement sur les rameaux dressés; souvent groupés par 2 et 3. — *Pédoncule* long, de grosseur moyenne, s'insérant dans une dépression du fruit assez profonde. — *Stigmate* peu apparent dans un ombilic peu marqué à la pointe du fruit. — *Olive* de grosseur moyenne (longueur : 1 $^3/_4$ à 2 $^1/_4$ centim.; — largeur : 1 à 1 $^1/_2$ centim.), aplatie à l'insertion, de forme cylindro-conique, mais légèrement bombée d'un côté ; peu allongée et se terminant brusquement par une pointe proéminente et bien détachée : d'où le nom caractéristique de *pointue* qu'on lui donne dans certaines localités. — Le fruit passe du vert au rouge, et définitivement au noir bleuâtre à la maturité, sauf quelques taches de couleur rouge sombre. Il est obscurément pointillé, dur à la maturité, et couvert d'une *pruine* assez abondante.— *Peau* fine ; pulpe blanchâtre, colorée par un jus rouge sale peu abondant. — *Noyau*

assez gros, ayant la forme générale de l'olive, la surface sillonnée, et une pointe très aiguë.

Arbre de deuxième *maturité*.

OBSERVATIONS.

L'*Olivière* est une des variétés d'Oliviers les plus anciennement
cultivées dans certaines parties du Languedoc. Amoreux le
constate, dès la fin du siècle dernier, dans son *Traité de l'Olivier* :
« L'*Ouliva pounchuda* est des plus communes aux environs de
Montpellier, et, en remontant le Languedoc jusqu'à Béziers, on
la trouve presque seule dans une grande étendue de terre, surtout vers Narbonne ».

Il ne reste aujourd'hui que quelques-unes de ces grandes plantations ; mais on retrouve l'Olivière, soit seule, soit associée à
d'autres variétés, chez la plupart des propriétaires qui ont voulu
conserver au moins assez d'Oliviers pour faire leur provision
d'huile. En sorte que si l'Olivière ne peut être considérée comme
la variété la plus cultivée, elle est encore la plus répandue dans le
Languedoc. Elle existe aussi en Provence, dans le Roussillon, en
Algérie, et dans certaines parties de l'Italie et de l'Espagne.

L'Olivière est un arbre très vigoureux, de longue durée, rus-
tique, qui supporte, sans trop en souffrir, les froids des hivers
rigoureux. Cette opinion est conforme à celle de Rozier. Les
observations de Laure, qui considère cette variété comme assez
sensible aux abaissements de température, ont sans doute été
faites dans des terrains humides, où on la rencontrait jadis com-
munément.

L'Olivière ne développe toutes ses qualités que dans les
terrains relativement riches. Dans les sols trop secs ou de trop
mauvaise qualité, sa vigueur diminue ; sa production s'en ressent
et elle reste alors inférieure à d'autres variétés plus rustiques.

Dans les sols qui lui conviennent, l'Olivière est très productive : elle charge abondamment et presque tous les ans.

Composition des fruits de l'OLIVIÈRE

(Analyses de M. A. BOUFFARD.)

	N° 1	N° 2	N° 3 [2]
	gr.	gr.	gr.
Poids moyen d'une olive...............	2.39	3.15	»
Poids des noyaux %...................	17.00	15.00	14.80
Poids de la pulpe %.................	83.00	85.00	85.20
Composition (Huile........	17.60	21.10	14.20
de la { Eau........	36.00	40.50	54.00
pulpe [1] (Cellulose, etc..........	29.40	23.40	17.00

La qualité de l'huile fournie par l'Olivière est très variable suivant la nature du sol où elle est cultivée. Bonne lorsqu'elle provient de terres graveleuses ou légères, l'huile est au contraire *bourrasseuse*, c'est-à-dire chargée d'un dépôt abondant, quand elle est produite dans des terres fraîches ou riches ; elle est dans ce dernier cas peu estimée pour la table.

L'Olivière, grâce à sa robusticité, supporte, sans en trop souffrir, la taille sévère et même les fortes amputations auxquelles on la soumet quelquefois. Le vieux bois donne facilement des repousses et prend aussi très bien la greffe, qualités qu'il partage d'ailleurs avec la plupart des variétés vigoureuses.

LUCQUES.

Synonymes. — Olive de Lucques, Lucquoise (Basses-Alpes). Oliverolle (Béziers).
Odorante.

---

[1] Cette composition se rapporte au poids de pulpe pour 100 d'olives et non à 100 de pulpe. — On n'a pas cru devoir tenir compte de l'huile des noyaux, qui n'est qu'en très faible proportion. (A. B.)

[2] Le n° 1 provient d'olives récoltées en 1883 à Lavérune (Hérault), dans des terrains relativement fertiles ; le n° 2, d'olives à un état de maturité avancée, en partie flétries, cueillies en 1883 dans les terres calcaires, de garrigues, de Saint-Georges (Hérault) ; le n° 3, de fruits récoltés en 1882 dans les terres marneuses de l'École d'Agriculture de Montpellier.

OLEA MINOR, LUCENSIS, FRUCTU OBLONGO, INCURVO, ODORATO (Tournefort).

OLEA EUROPÆA CERATICARPA (Clemente).

Elle a été souvent confondue avec la *Picholine*, avec laquelle elle présente d'assez grandes analogies de forme.

DESCRIPTION.

Arbre de vigueur et de développement moyens, à port semi-érigé ; *tronc* cylindrique. — L'*écorce* se détache très facilement en longues lanières, de telle sorte que le tronc est souvent dénudé presque entièrement. Les branches de charpente sont horizontales ou érigées. L'arbre, dans son ensemble, a habituellement la *forme* d'un vase, d'une boule ou quelquefois d'un parasol, suivant le mode de taille adopté. — *Rejets* peu nombreux.

Rameaux vigoureux, longs, droits, érigés ou horizontaux ; — jeunes rameaux assez nombreux, s'insérant à angle droit, généralement pendants, de *couleur* franchement grise, striés longitudinalement et couverts de très nombreuses lenticelles. — *Bois* de forme hexagonale, surtout à l'extrémité des jeunes rameaux; *nœuds* proéminents.

Feuille lancéolée sublinéaire, assez longue mais étroite (longueur moyenne 6 à 9 centim. ; largeur 3/4 à 1 $^1/_4$ centim.). — *Face supérieure* vert clair, terne, un peu rugueuse ; — *face inférieure* à dépôt peu abondant, blanc sale. — *Limbe* peu épais. — *Nervures* peu marquées, même à la face supérieure. — *Mucron* aigu, court, recourbé dans le plan de la feuille. — *Pétiole* long, mince, contourné.

La feuille a les bords assez refoulés ; elle est inéquilatérale et présente dans son ensemble la forme d'un croissant très allongé, terminé par le mucron. Le *couvert* de l'arbre est assez léger, en raison du nombre restreint des feuilles, de leur petitesse relative et de la disposition divergente des rameaux.

4

Fruits souvent isolés, distribués pour le plus grand nombre à la base des rameaux de l'année. — *Pédoncule* long, mince, s'insérant dans une dépression peu profonde du fruit. — *Stigmate* persistant dans un ombilic bien marqué. — *Olive* assez grosse (longueur $2\,^1/_2$ à 3 centim.; largeur $1\,^1/_4$ à $1\,^1/_2$), en forme de croissant ou de carène, ayant les deux extrémités recourbées et le côté opposé à la courbure à peu près rectiligne, forme très caractéristique. — Le fruit passe du vert clair au noir bleuâtre luisant, avec très peu de *pruine*. La surface en est légèrement tiquetée. — *Peau* fine, pulpe abondante. — *Noyau* assez gros, de forme analogue à celle du fruit, recourbé aux deux extrémités, à surface sillonnée, terminé par deux pointes, l'inférieure étant la plus aiguë.

Arbre de *maturité* précoce.

OBSERVATIONS.

La Lucques est une variété assez peu répandue ; on ne la rencontre sur de grandes surfaces en France que dans les localités où l'on se livre à l'industrie de la préparation des olives de table.

Elle paraît être originaire d'Italie, où elle existe sur divers points, notamment à Vérone. Elle est assez commune, dans le Languedoc, aux environs de Béziers, Montpellier, Nimes, Lunel, mais est peu cultivée en Provence, sauf dans les Basses-Alpes. On la trouve également dans certaines parties des Pyrénées-Orientales, d'où elle est passée en Espagne.

La Lucques est un arbre assez vigoureux, de moyenne longévité. Tous les auteurs qui se sont occupés de cette variété la considèrent comme très résistante aux froids, et susceptible d'être cultivée jusqu'à la limite extrême de la région de l'olivier. On la rencontre dans les situations les plus diverses, mais elle donne ses meilleurs et plus abondants produits dans les terres de coteaux assez profondes ; elle n'est pas à recommander pour les sols de garrigues ou de très mauvaise qualité, où sa production reste très inférieure.

La production de la Lucques est relativement faible, mais cette cause d'infériorité est en partie compensée par la beauté et l'excellente qualité des olives cueillies vertes pour les confire ; c'est la plus appréciée et la meilleure des olives de table, et elle obtient toujours dans les marchés, lorsqu'elle a été récoltée bien à point, des prix de vente plus élevés que les autres variétés.

Composition des fruits de la LUCQUES

(Analyses de M. A. BOUFFARD.)

	N° 1	N° 2 [1]
	gr.	gr.
Poids des noyaux %................	22.00	17.00
Poids de la pulpe %................	78.00	83.00
Composition (Huile...............	28.30	14.80
de la ⟨ Eau................	30.92	43.00
pulpe. (Cellulose, etc.........	19.00	25.20

L'huile fournie par la Lucques est de très bonne qualité, mais ce n'est qu'exceptionnellement qu'on donne à ses fruits cette destination. Sauf le cas où les olives sont atteintes de maladies, on les cueille toujours à l'état vert, comme nous l'avons dit plus haut.

---

[1] Le n° 1 provient d'olives très mûres, ridées, récoltées en 1883 dans les terrains de garrigues de Saint-Georges (Hérault) ; le n° 2, d'olives cueillies en 1882 dans les terres marneuses de l'École d'Agriculture de Montpellier.

PIGALE.

Synonymes. — PIGAOU (Hérault).
PIGALLE. *Amoreux* (Montpellier, Nimes, Béziers).
PICATADO. *Amoreux* (Narbonne).
POGNUE. *Amoreux* (Grasse).
PIGAU, MARBRÉE, TIQUETÉE. *Rozier.*
OLEA MINOR ROTUNDA, EX RUBRO ET NIGRO VARIEGATA *Garidel.*
OLEA VARIEGATA. *Gouan,* Flor. Monsp.
(?) OLEA PIGNOLA. *Risso.*

Arbre grand, vigoureux, à *port* semi-érigé ; *tronc* cannelé.
— *Écorce* grisâtre, noueuse, se détachant par plaques sur le
tronc et les ramifications primaires.

Les branches de charpente sont presque toujours érigées ou
semi-érigées, rarement horizontales.

C'est un des plus grands oliviers du Languedoc, lorsqu'on le
laisse vieillir sans lui faire de trop fortes amputations.

Rejets nombreux et vigoureux.

Rameaux nombreux, vigoureux, gros, lisses, d'un gris sale,
très renflés à leur insertion qui se fait à angle aigu. — *Bois*
légèrement cannelé sur les rameaux jeunes, avec des lenticelles
petites, peu nombreuses, irrégulièrement disséminées. — *Nœuds*
peu proéminents.

Les rameaux sont en général légèrement pendants.

Feuille lancéolée, plutôt courte, assez large (longueur moyenne
6 à 7 centim. ; largeur 1 $^1/_4$ à 1 $^3/_4$ centim.), un peu rétrécie
vers l'insertion. — *Face supérieure* vert foncé, lisse, criblée de petites ponctuations blanches, très bien détachées (caractéristique) ;
face inférieure blanc verdâtre. — *Limbe* épais et un peu coriace,
à bords légèrement refoulés, de telle sorte que la feuille présente
assez bien l'aspect d'une gouttière large et peu profonde. —
Nervure un peu proéminente seulement à la face inférieure. —
Mucron droit, tendre, pointu, dans le plan de la feuille. — *Pétiole*
gros, court, droit, inséré à angle presque droit sur le rameau.

Les feuilles sont distribuées régulièrement sur les rameaux jeunes et presque perpendiculaires à ces rameaux. Elles sont assez nombreuses ; mais, l'arbre présentant habituellement un assez grand évasement, le *couvert* n'en est pas très épais.

Fruits régulièrement distribués sur la longueur du rameau, isolés ou agglomérés. — *Pédoncule* assez long, gros, jaune clair, inséré dans une dépression profonde. — *Stigmate* peu apparent. — *Olive* plutôt grosse (longueur moyenne 2 à 2 $^1/_4$ centim.; largeur 1 $^1/_4$ à 1 $^1/_2$ centim.), cylindrique, régulière, allongée, arrondie aux deux extrémités.

Rouge d'abord, le fruit passe définitivement au noir foncé ; il perd vite le peu de pruine qu'il porte, et devient très luisant. Sur ce fond noir et brillant se détachent de nombreuses ponctuations blanches, très bien marquées, qui ont valu à cette olive son nom de *Pigale*. L'olive reste ferme jusqu'à sa maturité.

Peau épaisse; pulpe charnue, peu juteuse, colorée en blanc ou rouge lie-de-vin et clair. — *Noyau* gros, de forme régulière comme l'olive.

Arbre de *maturité* tardive.

OBSERVATIONS.

La Pigale est une variété recommandable. Si la grande quantité de bois qu'elle pousse nuit un peu à l'abondance de sa production, ses fruits sont de bonne qualité et peuvent servir pour la consommation directe, en même temps qu'elles donnent une huile abondante et d'excellente qualité.

C'est aux environs de Montpellier, et autrefois également autour de Narbonne et de Nimes, que l'on trouvait les plus grandes plantations de cette variété ; il en existe encore de très importantes dans les garrigues de la commune de Saint-Georges, près Montpellier. On la rencontre également en Provence, notamment dans les environs d'Aix.

La maturité tardive de cette olive oblige à ne la cueillir qu'à une époque avancée de l'hiver, alors que souvent les premières

gelées en ont déjà ridé la surface. Il conviendrait, dans de grandes plantations, d'associer la Pigale à d'autres variétés plus hâti-
ves, pour répartir les travaux de cueillette sur un plus large
espace de temps.

Composition des fruits de la PIGALE

(Analyses de M. A. Bouffard.)

	Nᵒ 1	Nᵒ 2	Nᵒ 3 [1]
	gr.	gr.	gr.
Poids moyen d'une olive............	2.46	»	2.60
Poids des noyaux %...............	26.00	16.00	19.00
Poids de la pulpe %...............	74.00	84.00	81 00
Composition ⎧ Huile..............	21.20	22.80	20.30
de la ⎨ Eau................	32.00	47.00	47.00
pulpe. ⎩ Cellulose, etc..........	20.80	14.20	13.60

VERDALE.

Synonymes. — Verdaou, Verdau, Vereau.

Aventurier (Fréjus).

Calassen (Lorgues, Var).

Olea viridula, *Gouan,* Flor. Monsp.

Olea media rotunda viridia, *Tournefort.*

Olivo verdago, *Tablada.*

Arbre peu vigoureux, restant toujours petit, à port semi-
érigé ; *tronc* mince, court, conique, cannelé, à écorce rugueuse,
gris-verdâtre. — *Branches* légèrement pendantes, surtout à la
partie supérieure de l'arbre. L'arbre a la forme générale d'une
boule, à couvert léger.— Enracinement peu profond ; il est assez
facilement déraciné par les vents violents. — *Rejets* peu nombreux. — Prend facilement la greffe.

[1] Le nᵒ 1 résulte d'olives récoltées dans les terres de garrigues de Saint-
Georges (Hérault) en 1883 ; le nᵒ 2, de fruits provenant de terrains marneux de
l'École d'Agriculture de Montpellier, et cueillis en 1882 ; le nᵒ 3, d'échantillons
bien mûrs, pris dans des terres riches de Lavérune (Hérault) en 1883.

Rameaux peu nombreux, érigés ou légèrement inclinés, insérés à angle droit, de couleur jaune sale ou gris jaunâtre clair ; *lenticelles* peu nombreuses et peu apparentes ; nœuds assez proéminents.

Feuilles linéaires, courtes, très étroites, bien caractérisées par leurs faibles dimensions. (Longueur 4 à 6 centim. ; largeur 1/2 à 3/4 de centim.). — *Nervures* très proéminentes, de couleur vert-clair. — *Bords* refoulés, formant une gouttière régulière et très prononcée. — *Mucron* non détaché, peu proéminent, peu aigu, situé dans le plan de la feuille, légèrement incliné dans le sens de sa courbure. — *Face supérieure* vert clair terne, un peu rugueuse ; *face inférieure* blanc terne. — *Limbe* de moyenne épaisseur. — *Pétiole* court, mince, contourné de façon à faire appliquer l'une contre l'autre, par leurs faces supérieures, les feuilles opposées. — Toutes les feuilles sont situées dans un même plan sur le rameau et forment avec ce dernier un angle souvent très aigu.

Les feuilles sont assez nombreuses aux extrémités des rameaux, rares ailleurs ; le couvert de l'arbre est léger.

Fruits isolés, jamais réunis en grand nombre ; — à *pédoncule* de longueur moyenne, mince, vert-sale, s'insérant dans une dépression peu profonde ; — gros presque ronds, légèrement tronqués au sommet, *infundibuliformes* ; très verts jusqu'aux approches de la maturité, puis d'un rouge vineux et enfin d'un noir foncé un peu terne. — Pruine très peu apparente à maturité. — *Olive* molle, à peau assez épaisse ; pulpe charnue à jus peu abondant. — *Noyau* très gros, de la forme de l'olive, à surface peu profondément rayée.

Très précoce.

OBSERVATIONS.

La Verdale est très répandue dans le Languedoc, notamment dans les environs de Montpellier, de Béziers, et dans le Gard. Elle est cultivée, à l'exclusion de toutes autres variétés, dans certaines communes (par exemple à Aniane, Hérault), où l'on se livre sur une grande échelle à la préparation des olives vertes pour la table.

On retrouve la Verdale en Vaucluse et dans les Bouches-du-Rhône, mais sur des surfaces moins importantes que dans le Languedoc.

C'est une olive très précoce, mais peu productive si on la cultive en vue de l'huile ; elle présente en outre l'inconvénient de pourrir assez vite lorsquelle a atteint sa complète maturité.

La Verdale mérite au contraire d'être propagée en vue de la récolte des olives vertes : c'est en effet une belle olive, généralement très appréciée pour la table, et qui est sous cette forme l'objet d'un commerce très important. On ne devra toutefois la placer que dans des terrains de bonne ou moyenne qualité, sa production restant tout à fait insuffisante dans les mauvais sols.

La Verdale est assez sensible aux froids et la coulure en diminue souvent la récolte.

Composition des fruits de la VERDALE

(Analyses de M. A. Bouffard.)

	Nº 1	Nº 2	Nº 3 [1]
	gr.	gr.	gr.
Poids moyen d'une olive..............	3.4	2.40	2.60
Poids des noyaux %.................	14.00	20.60	17.50
Poids de la pulpe %.................	86.00	79.40	82.50
Composition ⎰ Huile................	19.80	23.00	26.50
de la ⎱ Eau................	51.10	40.60	34.10
pulpe ⎰ Cellulose, etc..........	15.10	15.80	21 90

La Verdale fournit peu d'huile, de qualité variable avec le terrain et en général peu estimée.

[1] Le nº 1 provient d'olives cueillies en 1882 dans les terrains marneux de l'École d'Agriculture de Montpellier ; les nºs 2 et 3, d'olives récoltées dans les terres de garrigues de Saint-Georges d'Orques (Hérault) en 1883.

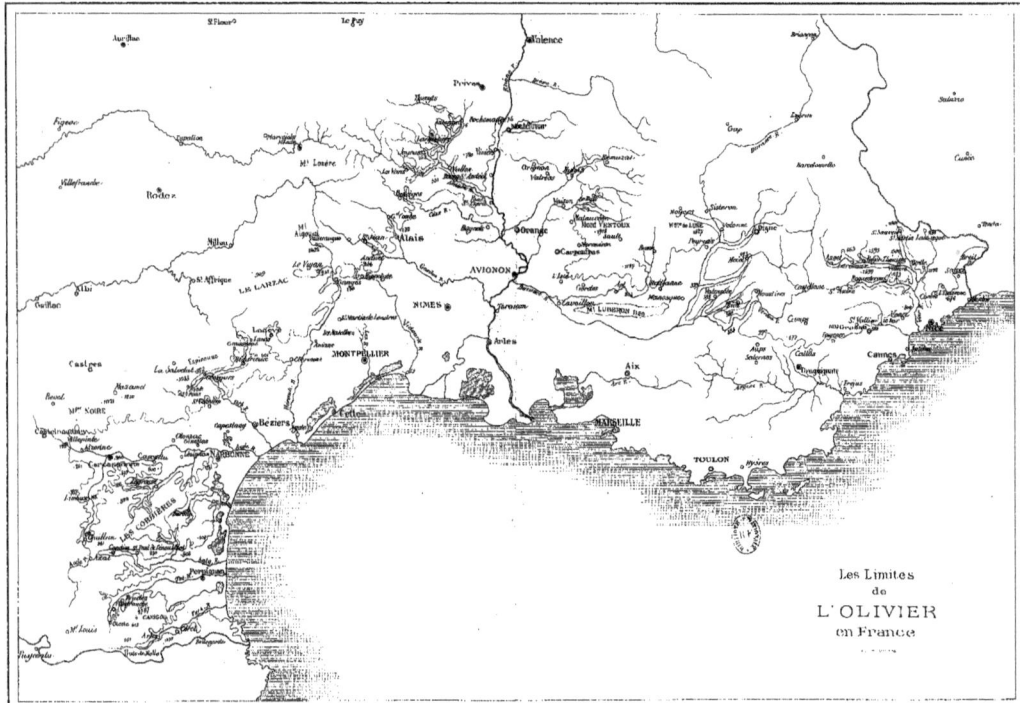

Ann. de l'Ecole N° d'Agri. Montpellier.

Pl. I.

Tom. II. Pl. XV.

Les Limites
de
L'OLIVIER
en France

RAMEAU D'OLIVIER EN FLEUR

Pl. III.

E. Marsal, pinx! OLIVIÈRE L. Combes. Lith.

C. Coulet, Editeur.

Pl. IV.

LUCQUES

C.Coulet,Editeur.

Pl. V.

PIGALE

E. Marsal, pinx¹   C. Coulet. Editeur.   L. Combes. Lith.

11 Parent 7

www.ingramcontent.com/pod-product-compliance
Lightning Source LLC
Chambersburg PA
CBHW070823210326
41520CB00011B/2082